河南省第十批重点学科
新乡学院机械学科支持

流形计算密码攻击与航电处理平台操作研究

贾 蒙 著

吉林大学出版社
·长春·

图书在版编目(CIP)数据

流形计算密码攻击与航电处理平台操作研究 / 贾蒙著. -- 长春：吉林大学出版社，2024. 10. -- ISBN 978-7-5768-4051-3

Ⅰ. V242

中国国家版本馆CIP数据核字第202402QU21号

书　　名：流形计算密码攻击与航电处理平台操作研究
　　　　　LIUXING JISUAN MIMA GONGJI YU HANGDIAN CHULI PINGTAI CAOZUO YANJIU

作　　者：贾　蒙
策划编辑：李潇潇
责任编辑：刘守秀
责任校对：单海霞
装帧设计：寒　露
出版发行：吉林大学出版社
社　　址：长春市人民大街4059号
邮政编码：130021
发行电话：0431-89580036/58
网　　址：http://www.jlup.com.cn
电子邮箱：jldxcbs@sina.com
印　　刷：河北万卷印刷有限公司
开　　本：710mm×1000mm　　16开
印　　张：9.5
字　　数：155千字
版　　次：2024年10月第1版
印　　次：2025年5月第1次
书　　号：ISBN 978-7-5768-4051-3
定　　价：58.00元

版权所有　　翻印必究

前　言

混沌加密已成为安全通信领域研究的热点，然而针对混沌密码攻击方法的研究却仍处于萌芽阶段，有待技术人员进一步研究。本书针对当前三种典型的混沌加密方法——明文与密钥相关联加密、多混沌系统叠加加密、混沌系统与元胞机联合加密，采用广义 Foliation 约束条件和网格细分法计算初始密钥；根据高维流形计算的方法沿混沌迭代的正反方向分别延拓，计算出混沌密钥的非线性流形；研究利用分形图像结合差分攻击的方法寻找明文和密钥的变化规律；寻找多混沌分离的合适方法，探讨混沌系统与元胞机联合加密的定量关系，得到元胞机迭代函数的伪随机序列；利用横截同宿点的潜在周期性，对加密系统进行故障引导。本书拟解决混沌初始密钥计算精度低、混沌加密序列计算难度大的问题，对密码攻击领域有重要理论意义与实际价值，能够促进加密与密码攻击学科同步发展，为国家信息安全打好理论基础。

当前先进的大型民用客机均采用综合航电处理平台（intergrated modular arionics, IMA）。IMA 系统是一个高度综合的复杂系统，是以飞机平台需求作为牵引，通过系统软件、硬件和通信网络等组合成的一个高度综合有机体，具有提供强大的信息处理与共享以及系统管理能力。

本书全面而详细地介绍了基于片上系统的 IMA 的相关知识及相关操作。基于片上系统的 IMA 的设计是一项巨大的系统工程，其操作任务往往也非常复杂。因此，在后期设计项目之前，给出层次化、综合化的全面操作分析研究是十分有必要的。

本书主要的研究内容集中于第 2 部分，即第 4～8 章。

第 4 章从 IMA 使用的角度出发，首先对 IMA 的基本知识，如概念及特点等进行了简单介绍，使读者对 IMA 有一个初步的了解；其次介绍了本书的研究内容及意义。

第5章详细介绍了IMA的总体结构。IMA系统的主要部件有通用核心处理模块（GPM）、交换机（ACS/ARS）和远程数据集中器（RDC）。其中，GPM支持数据计算等处理功能，能够为IMA平台提供基本功能；ACS/ARS支持IMA系统各元件之间数据传输功能；RDC支持将传感器等非IMA设备产生的设备信号数据经由交换机传至GPM进行数据计算，以及支持GPM数据处理结果到作动器、控制器等的传播。此外，本章还介绍了这三个主要部件之间的数据传输。

第6章对基于IMA驻留软件的人员操作进行了研究。首先，根据不同系统将IMA的驻留软件分为了16类。这些系统包括通信系统、指示记录系统、导航系统、水废水系统、机载维护软件系统和航电核心处理系统这六大系统。这些基础应用软件可以实现健康管理、数据加载、构型管理、恢复、时间计算和管理状态等功能。其次，根据飞机的飞行控制、导航监视、飞机通信和飞机其他系统控制对人员操作进行了总结，并研究介绍了这些操作能够应用到16类软件中的哪一个或哪几个软件，为后面的各层之间的资源调度做了铺垫。

第7章研究分析了IMA核心处理系统。在民用飞机中，IMA核心处理系统用于集中处理航空电子系统的相关任务，为驻留其中的完成飞机功能的应用提供服务。IMA核心处理系统通过共享资源可以实现数据处理、数据传输、数据转换等功能。从硬件角度来看，核心处理系统由六种硬件模块组成，它们分别是数据处理模块（DPM）、信号处理模块（SPM）、图像处理模块（GPM）、网络支持模块（NSM）、大容量存储器模块（MMM）和电源变换模块（PCM），它们通过光纤通信网络和供电网络连接。而这些通用功能模块（CFM）由模块支持单元（MSU）、处理单元（PU）、路由单元（RU）、网络接口单元（NIU）、模块物理接口（MPI）和电源转换单元（PCU）等组成。从软件结构上来看，航空电子系统软件结构可分为3层，由上到下依次为应用层（AL）、操作系统层（OSL）、模块支持层（MSL）。这个软件体系存在于IMA系统的通用核心处理模块中，与交换机和远程数据集中器共同完成整个IMA系统的数据传输工作。而在软件结构的三个层次之间，信息通过每层之间的物理接口或者同一层之间的物理接口或逻辑接口进行信息交互。同时还在本章中列举了显示控制的信息交互、任务管理的信息交互等实例。

第8章对IMA系统的故障处理与维护做了详细的研究。民用飞机的安全性与IMA系统的维修与维护有着密不可分的关系。本章首先介绍了民用飞机的故障预测与健康管理机制；其次对民用飞机的故障进行了分类，并介绍了民用飞机故障的处理方法；最后，民用飞机需要进行日常的系统维护工作，因此本书从数据加载、软件更新、自检测、交叉监控及视情维护这五个方面对民用飞机的维护操作进行了介绍，还介绍了IMA系统的维修要求，目的是使维修人员有一个更全面的了解，从而进行更完善的维修维护工作。

从人员的操作到基于通用功能硬件模块的软件处理，再到整个IMA系统的数据传输，直至最终相应伺服机构做出对人员操作的响应，使飞机状态发生改变，读者通过阅读本书将会对基于片上系统的IMA操作概念有一个全面而清晰的认识。

本书是由博士论文整理而成的。由于时间仓促，且作者水平有限，书中难免存在不足之处，在此诚恳地欢迎广大读者提出批评。

贾　蒙

2024年8月

目 录

第1部分 流形计算密码攻击

第1章 混沌密码攻击方法研究的主要内容 3
 1.1 混沌加密系统初始密钥及密钥流形计算方法研究 3
 1.2 明文与混沌密钥关联方法研究 4
 1.3 多混沌加密系统吸引子分离方法研究 5
 1.4 混沌元胞机加密及横截同宿点对混沌加密系统的影响 7

第2章 混沌密码攻击方法研究的进展报告 8
 2.1 高维流形的计算 8
 2.2 多混沌系统的级联 11
 2.3 混沌加密攻击方法与效果评价 19

第3章 混沌密码攻击方法研究的结果与展望 28
 3.1 混沌密码攻击方法研究的主要结果 28
 3.2 混沌密码攻击方法研究的不足与展望 30

第 2 部分　航电处理平台操作

第 4 章　导论：综合航电处理平台进展及研究规划 33
  4.1　综合航电处理平台的概念及特点 33
  4.2　研究内容及意义 35

第 5 章　综合航电处理平台结构 37
  5.1　IMA 系统结构 37
  5.2　IMA 系统主要部件及数据转换 40

第 6 章　基于 IMA 驻留软件的人员操作 48
  6.1　IMA 驻留软件 48
  6.2　人员操作 49

第 7 章　IMA 核心处理系统 77
  7.1　核心处理系统功能 77
  7.2　核心处理系统硬件组成 80
  7.3　核心处理系统软件结构 83
  7.4　各层之间的接口与资源调度 92

第 8 章　IMA 系统的故障处理与维护 109
  8.1　故障预测与健康管理（PHM） 109
  8.2　故障处理 112
  8.3　系统维护 119

参考文献 140

第1部分

流形计算密码攻击

第1章　混沌密码攻击方法研究的主要内容

1.1　混沌加密系统初始密钥及密钥流形计算方法研究

针对混沌加密系统密钥空间，本书通过仿真计算得到了三维 Lorenz 系统不稳定流形的密钥空间为 10 的 106 次方，如果采用上述混沌系统进行加密，在未知密钥的前提下，几乎不可能完成混沌密文的破解。

实验证明：由于混沌加密使密钥的灵敏度特别高，因此在计算密钥时采用叶状结构（Foliation）条件进行约束，能够保证流形初始密钥选择的精度。

"格子细分"法是缩小初始密钥的有效手段，但是在利用"格子细分"法之前必须先验证流形轨道的收敛性，如果流形轨道是收敛的，"格子细分"法能够很好地缩小密钥计算量，但是如果流形轨道是发散的，假如还按照设定的精度值自适应地计算初始密钥，将会增加初始密钥的计算量。

利用收敛定理计算混沌加密系统平衡点，进一步通过数值逼近计算初始密钥能够达到很好的效果，并且如果流形是发散的话，还可以反向迭代计算平衡点，并通过数值逼近计算出初始密钥。

初始密钥计算速度取决于研究者／系统设定的计算精度和混沌加密系统的密钥空间。

研究人员通过计算得出：在系统平衡点与系统流形稳定性未知情况下，攻击者计算混沌映射密钥的流形基本上是不可能实现的。即使攻击者已知系统平衡点和系统模型，若平衡点的密钥空间足够大，攻击者也几乎无法完成对密钥的破解。

研究人员若需根据某一时刻混沌映射的数值延拓系统流形，需遵循以下规则：对于收敛流形，需要沿着正方向进行延拓；对于发散流形，需要沿着反方向进行延拓。

研究表明，混沌密钥流形计算精度的提升通常以牺牲计算速度为代价。仿真结果显示，当采用自适应轨道方法时，精度提升效果与特征向量方向密切相关：若密钥流形沿特征向量方向延伸，则每提高一倍精度需消耗 10～20 倍计算时间；反之，若偏离该方向，精度提升对耗时影响甚微。

1.2　明文与混沌密钥关联方法研究

针对分形图像的变化规律进行研究，本书通过对科赫曲线仿真计算得到了科赫曲线的分形图，将科赫曲线作为明文信息（即原始图像），因为科赫曲线的分形维数是 4/3，并且科赫曲线变化规律明显，所以根据计算时间的长短可以得到一组科赫曲线（即明文数据簇）。

本书利用洛伦兹系统对科赫曲线组进行位置加密处理，得到科赫曲线的加密图像组，并对同一加密图像进行自相关和互相关分析，对不同的加密图像进行互相关分析以及像素统计分析。实验证明：单独的位置加密不影响加密图像像素的统计特性，但对像素的相关性有影响，通过不同图像的对比分析找到了像素相关性变化的规律。

本书利用洛伦兹系统对科赫曲线组同时进行位置加密处理和像素加密处理，得到加密图像组，并对同一加密图像进行自相关和互相关分析，以及对不同的加密图像进行互相关分析、像素统计分析。实验证明：两种加密不仅影响加密图像的统计特性，还影响加密图像的相关性；利用对不同图像的对比分析找到了像素统计特性变化规律，再结合分形图像的变化规律中对图像单独进行位置加密的分析，可以得到像素加密处理的变化规律。

本书利用cat映射系统和达芬系统分别重复上述仿真实验，得到与洛伦兹加密系统相似的结果，但将三种不同加密方法的加密结果进行对比分析，得出如下结论：利用单一的加密系统不能完全抵制选择明文攻击，因为人们可以利用不同加密系统破解初始密钥。

1.3 多混沌加密系统吸引子分离方法研究

在利用多混沌加密系统进行加密时，本书做了如下尝试。

（1）初始密钥由一混沌系统产生，密码系统由另一混沌系统产生。

（2）位置加密系统由一混沌系统产生，像素加密系统出另一混沌系统产生。

（3）位置加密系统由传统加密方法完成，像素加密由两个不同的混沌系统进行两次混沌加密。

最终通过仿真计算得到的结论是：

首先，三种加密系统都可以提高密钥空间，密钥空间由大到小依次是（3），（2），（1）；其次，对于选择明文攻击而言，加密效果分别是（2）优于（3），（3）优于（1）；再次，对于像素统计特性而言，加密效果分别是（3）优于（2），（2）等于（1）；最后，对于像素相关性分析而言，加密效果是不确定的。

综合分析可以得出以下结论：①多混沌加密系统可以提高密钥空间，不同的组合方式可以起到不同的加密效果；②对于混沌加密图像，必须找到新的、合适的效果判断准则。

本书通过对多混沌加密系统进行已知明文和选择明文攻击方法研究得出：多混沌加密系统必须是已知明文和选择明文进行结合的密码攻击方法，否则只能进行暴力破解，而混沌加密系统的密钥空间非常大，暴力破解几乎无法完成。

利用稳定流与不稳定流的交集确定混沌吸引子的边界依然是个比较棘手的问题。通常情况下，稳定流形和不稳定流形相互缠绕但是不相交，发生混沌时只能通过数值拟合无限地逼近混沌边界，却无法准确计算出混沌边界的解析解。

本书以二维 Hénon 映射的混沌系统进行混沌边界的叠加和分离仿真，通过二维系统和三维系统分别进行仿真计算得出以下结论：无论混沌边界是否确定，都不能从根本上提高密码攻击的效率和攻击的准确度，并且混沌边界分离比较困难。

1.4 混沌元胞机加密及横截同宿点对混沌加密系统的影响

混沌元胞机加密是指使用细胞遗传算法对初始混沌序列进行变异，变异后的混沌序列更加难以分析和破解，然后用变异后的序列完成对图像的加密和解密，而元胞机加密并不影响初始密钥的产生，因此用"格子细分"法确定初始密钥不受中间变异环节的影响。

横截同宿点的存在会减小初始密钥的空间，本书利用多系统级联的方式来验证横截同宿点的影响，实验证明：存在横截同宿点的系统确实更加混沌，但是也减小了初始参数的选择空间。

第 2 章 混沌密码攻击方法研究的进展报告

2.1 高维流形的计算

在高维流形的计算中[1]，三维 Hénon 映射的表达式为：

$$F\begin{pmatrix}x\\y\\z\end{pmatrix}=\begin{pmatrix}y\\z\\M_1+Bx+M_2y-z^2\end{pmatrix} \quad (2-1)$$

当 $M_1=1.4$，$M_2=0.2$，$B=0.1$ 时，其具有与二维 Hénon 映射类似的混沌吸引子，如图 2-1（a）所示。易得该映射具有不动点 $x_0=(x^*, y^*, z^*)$，其中

$$x^*=y^*=z^*=\frac{B+M_2-1}{2}+\sqrt{\frac{(B+M_2-1)^2}{4}+M_1}$$

该不动点是二次映射 F^2 的一个双曲不动点，且具有一维不稳定流形，计算结果如图 2-1（b）所示。

观察比较图 2-1 中的两幅图，发现两者几乎一模一样，不同之处在于：图 2-1（a）中的点是混沌的，近似随机排列，如果按照迭代的顺序将这些点顺序

连接起来的话，那么整个图将是杂乱无章的；而图 2-1（b）中的点是有序的，且这点同样适用于二维 Hénon 映射。

（a）混沌吸引子　　　　　　　　　　（b）一维不稳定流形，弧长为 30

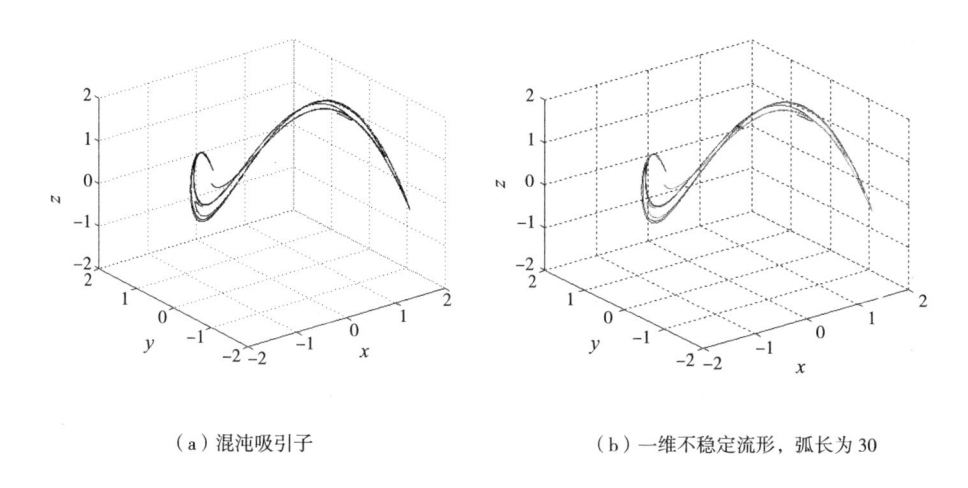

图 2-1　三维 Hénon 映射的混沌吸引子和一维不稳定流形

当 $M_1 = 0.19$，$M_2 = 0.9991$，$B = 0$ 时，x_0 也是一个双曲不动点，一维流形计算结果如图 2-2 所示。

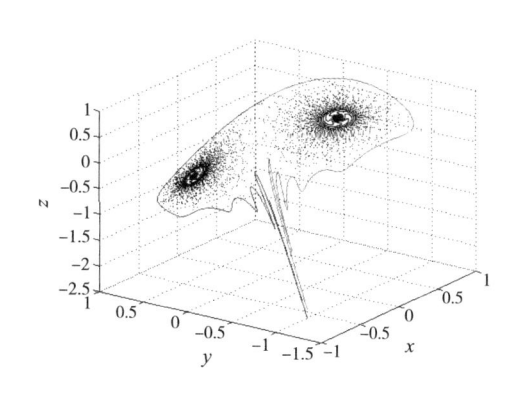

图 2-2　三维 Hénon 映射的一维不稳定流形，弧长为 10

图 2-2 中间似乎"杂乱"却又左右对称的部分为三维 Hénon 映射的吸引子，可见该吸引子完全被一维不稳定流形所"包围"。

为了说明新算法能够用于高维映射的流形计算，特将三维 Hénon 映射增加了一维，变为四维 Hénon 映射，表达式为

$$F\begin{pmatrix}w\\x\\y\\z\end{pmatrix}=\begin{pmatrix}(w+x+y+z)/4\\y\\z\\M_1+Bx+M_2y-z^2\end{pmatrix} \quad (2\text{-}2)$$

$x_0=(w^*,\ x^*,\ y^*,\ z^*)$是该映射的一个不动点，其中

$$w^*=x^*=y^*=z^*=\frac{1}{2}(B+M_2-1)+\sqrt{\frac{1}{4}(B+M_2-1)^2+M_1}$$

当$M_1=1.4$，$M_2=0.2$，$B=0.1$时，x_0是二次映射F^2的一个双曲不动点，并具有一维不稳定流形。由于四维空间中的流形无法直接画出来，所以在得到计算结果后，将其投影到三维空间中，结果如图 2-3 所示。

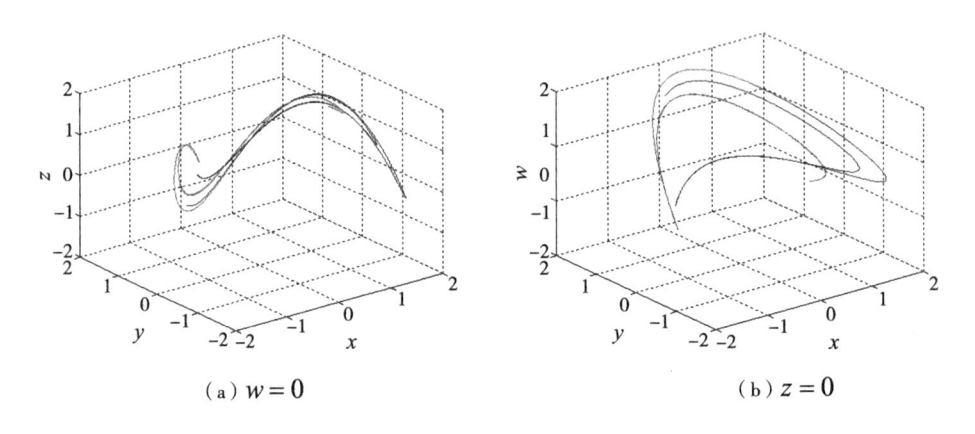

（a）$w=0$　　　　　　　　　（b）$z=0$

图 2-3　四维 Hénon 映射的一维不稳定流形

(c) $y=0$

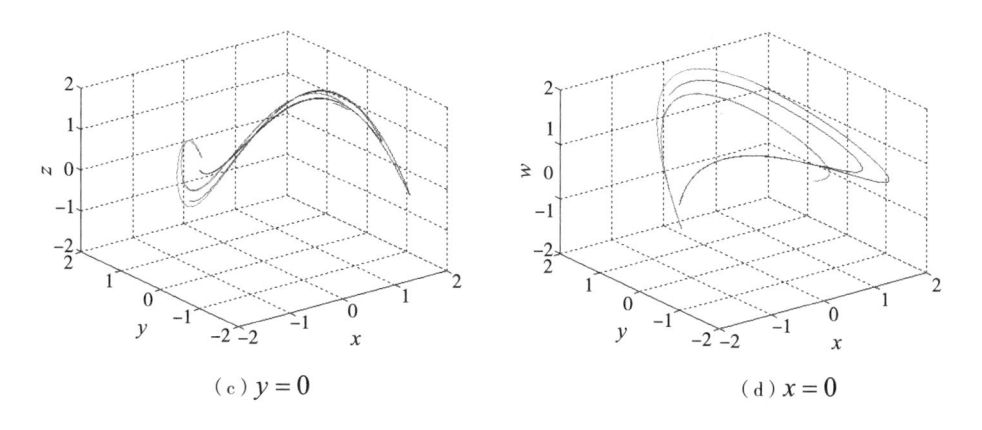

(d) $x=0$

图 2-3 四维 Hénon 映射的一维不稳定流形（续）

2.2 多混沌系统的级联

在多混沌系统的级联中[2]，Logistic 映射可以定义为

$$x_{n+1} = L(x) = \delta x_n(1-x_n) \tag{2-3}$$

其中，参量 δ 的取值范围为 $[0,4]$。为了更方便计算，公式（2-3）可以重新定义为

$$x_{n+1} = L(x) = 4\delta x_n(1-x_n), \delta \in [0,1] \tag{2-4}$$

图 2-4 所示为一维映射系统的李雅普诺夫指数（Lyapunov exponent, LE）和分形维数（fractal dimension）。因为当 LE>0 时映射系统开始分形，即发生混沌，所以从图 2-4（a）与图 2-4（b）可以看出，当 $\delta \in [0.9, 1]$ 时，映射系统开始分形。

Tent 映射可以定义为

$$x_{n+1} = T(x) = \begin{cases} 2rx_n, x_n < 0.5 \\ 2r(1-x_n), x_n \geq 0.5 \end{cases} \quad (2-5)$$

其中，参量 r 的取值范围为 [0, 1]。根据李雅普诺夫指数，当 LE>0 时映射系统开始分形，所以从图 2-4（c），（d）可以看出，当 $r \in [0.5, 1]$ 时，映射系统 Tent 开始分形。

Sine 映射可以定义为

$$x_{n+1} = S(x) = \varepsilon \sin(\pi x_n) \quad (2-6)$$

其中，参量 ε 的取值范围为 [0, 1]。根据李雅普诺夫指数，当 LE>0 时映射系统开始分形，所以从图 2-4（e），（f）可以看出，当 $\varepsilon \in [0.87, 1]$ 时，映射系统 Sine 开始分形。

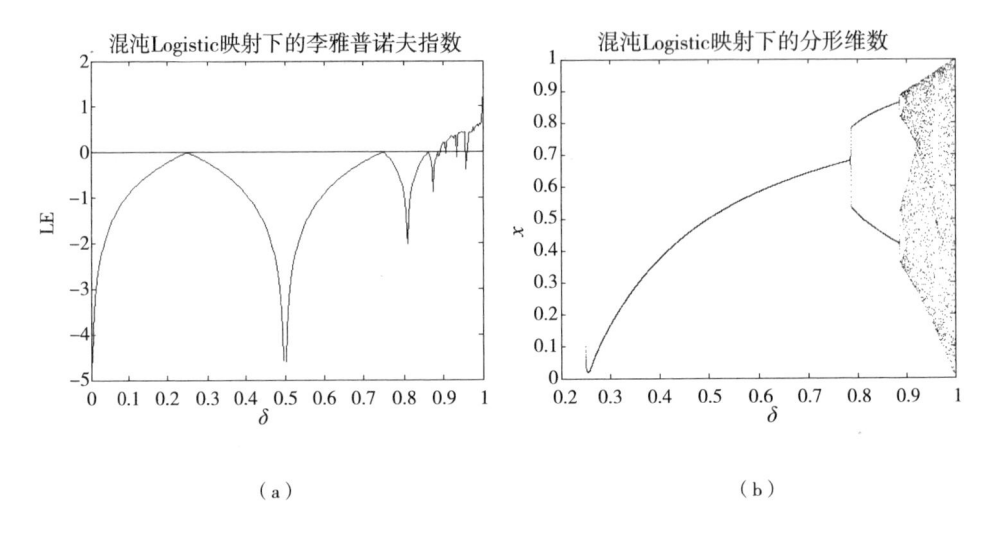

图 2-4 一维映射系统的李雅普诺夫指数和分形维数

混沌Tent映射下的李雅普诺夫指数

混沌Tent映射下的分形维数

（c）

（d）

混沌Sine映射下的李雅普诺夫指数

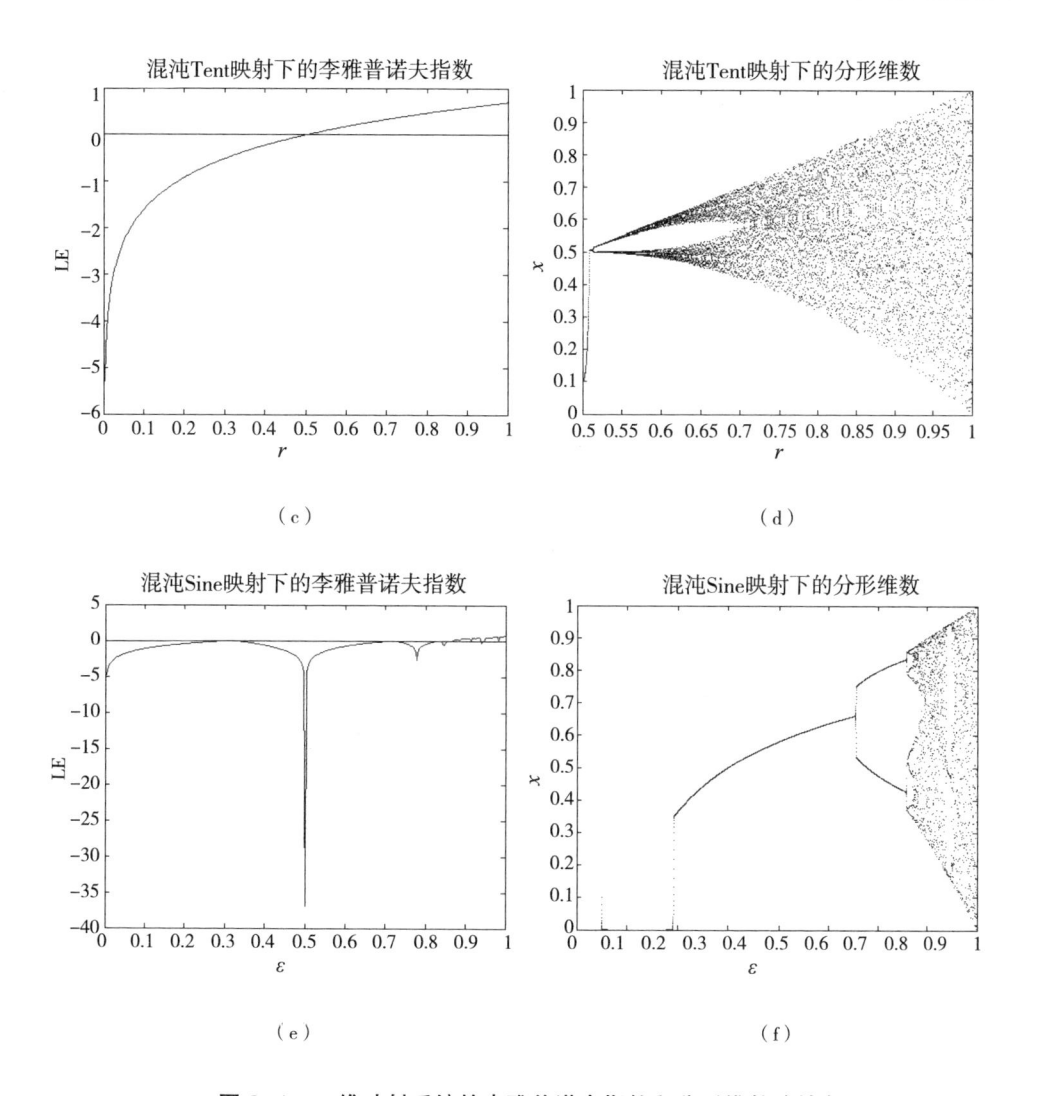

混沌Sine映射下的分形维数

（e）

（f）

图 2-4　一维映射系统的李雅普诺夫指数和分形维数（续）

多混沌系统级联可增加加密系统的复杂性，可以采用如图 2-5 所示的系统结构进行级联，结构的级联方程为

$$x_{n+1} = [G_2(G_1(x_n)) + G_4(G_3(x_n))] \bmod 1 \quad (2\text{-}7)$$

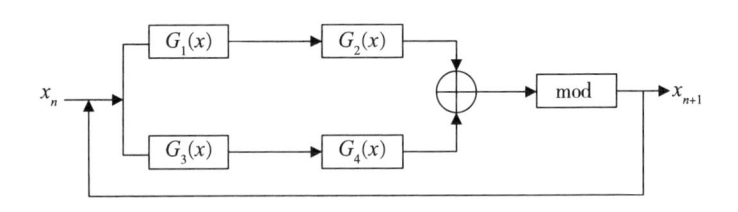

图 2-5 多混沌系统级联结构

以 Logistic 映射（L）、Sine 映射（S）和 Tent 映射（T）为原始样本，根据图 2-5 的系统结构选择不同的函数组合，并分析每种组合的李雅普诺夫指数和分形维数，可以判断多混沌系统加密的效果。

LS+LT 组合：

$$\begin{cases} [4\delta \times 2rx_n(1-2rx_n) + 4\delta \times \varepsilon\sin(\pi x_n)(1-\varepsilon\sin(\pi x_n))]\bmod 1, x_n < 0.5 \\ [4\delta \times 2r(1-x_n)(1-2r(1-x_n)) + 4\delta \times \varepsilon\sin(\pi x_n)(1-\varepsilon\sin(\pi x_n))]\bmod 1, x_n \geq 0.5 \end{cases} \quad (2-8)$$

ST+SL 组合：

$$\begin{cases} [\varepsilon\sin(\pi \times 2rx_n) + \varepsilon\sin(\pi \times 4\delta x_n(1-x_n))]\bmod 1, x_n < 0.5 \\ [\varepsilon\sin(\pi \times 2r(1-x_n)) + \varepsilon\sin(\pi \times 4\delta x_n(1-x_n))]\bmod 1, x_n \geq 0.5 \end{cases} \quad (2-9)$$

LS+LL 组合：

$$[4\delta \times \varepsilon\sin(\pi x_n)(1-\varepsilon\sin(\pi x_n)) + 4\delta \times 4\delta x_n(1-x_n)(1-4\delta x_n(1-x_n))]\bmod 1 \quad (2-10)$$

SS +ST 组合：

$$\begin{cases} \varepsilon\sin(\pi\varepsilon\sin(\pi x_n)) + \varepsilon\sin(2\pi rx_n), x_n < 0.5 \\ \varepsilon\sin(\pi\varepsilon\sin(\pi x_n)) + \varepsilon\sin(2\pi r(1-x_n)), x_n \geq 0.5 \end{cases} \quad (2-11)$$

TL+LS 组合：

$$\begin{cases} 2r(4\delta x_n(1-x_n)) + 4\delta\varepsilon\sin(\pi x_n), 4\delta x_n(1-x_n) < 0.5 \\ 2r(1-4\delta x_n(1-x_n)) + 4\delta\varepsilon\sin(\pi x_n), 4\delta x_n(1-x_n) \geq 0.5 \end{cases} \quad (2-12)$$

SL+TS 组合：

$$\begin{cases} \varepsilon\sin(4\pi\delta x_n(1-x_n)) + 2r\varepsilon\sin(\pi x_n), \varepsilon\sin(\pi x_n) < 0.5 \\ \varepsilon\sin(4\pi\delta x_n(1-x_n)) + 2r(1-\varepsilon\sin(\pi x_n)), \varepsilon\sin(\pi x_n) \geq 0.5 \end{cases} \quad (2\text{-}13)$$

由图 2-6 可以看出多混沌级联系统的分形变化和初始密钥的选择空间；由图 2-7 可以看出多混沌级联系统的李雅普诺夫指数变化，其侧面反映了密钥空间大小。

多混沌级联LL+LS组合下的
分形维数

多混沌级联LS+LT组合下的
分形维数

（a）

（b）

多混沌级联SL+TS组合下的
分形维数

多混沌级联SS+SL组合下的
分形维数

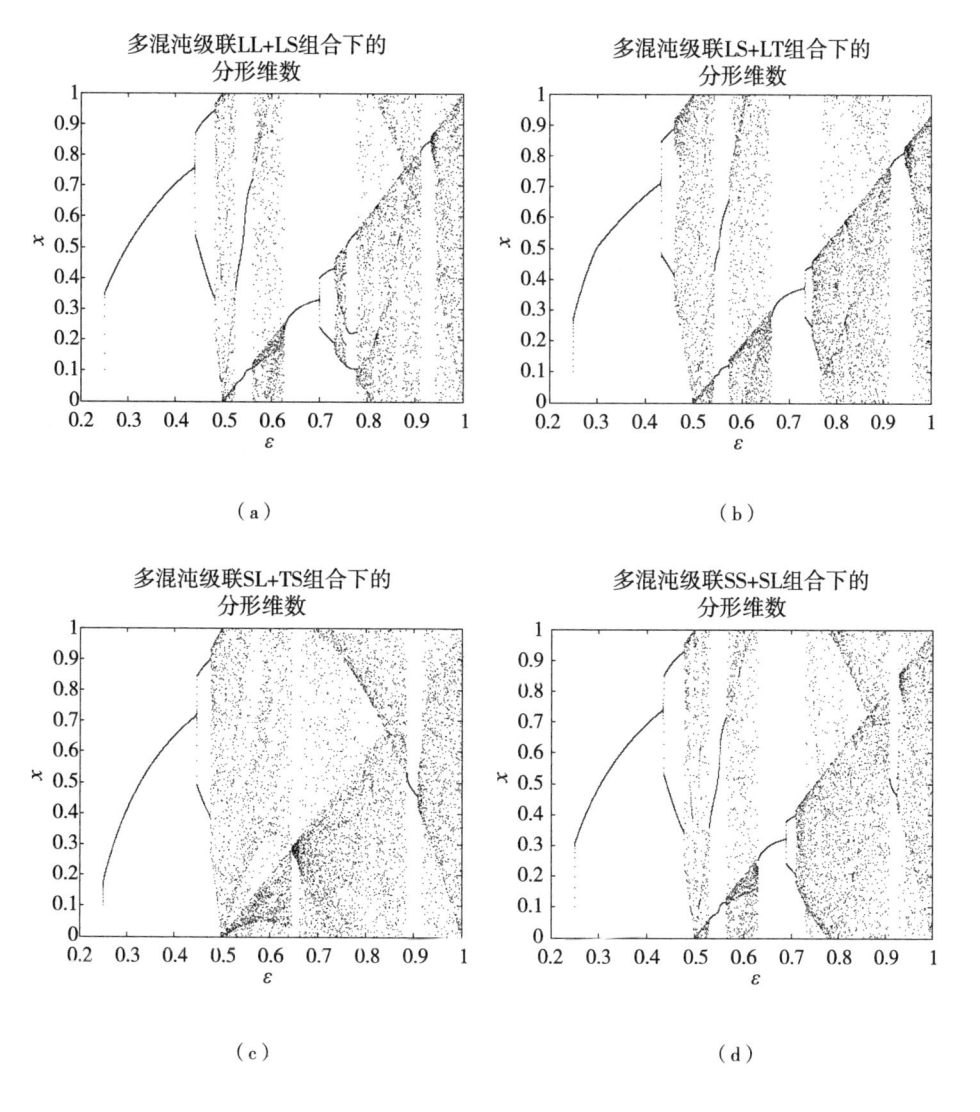

（c）

（d）

图 2-6 多混沌级联系统的分形变化图

多混沌级联SL+ST组合下的
分形维数

多混沌级联TL+LS组合下的
分形维数

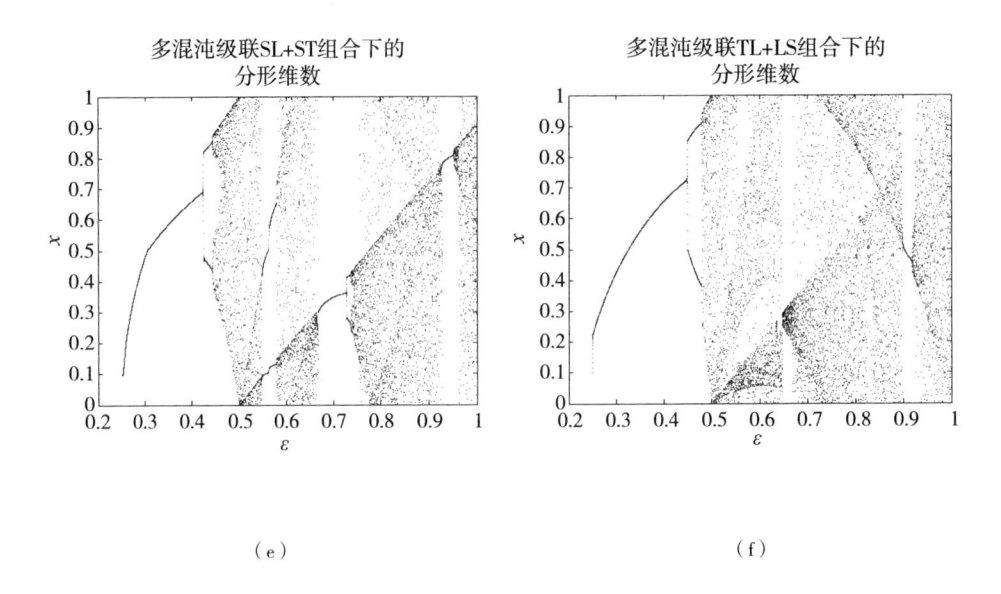

（e）

（f）

图2-6 多混沌级联系统的分形变化图（续）

多混沌级联LL+LS组合下的
李雅普诺夫指数

多混沌级联LT+LS组合
下的李雅普诺夫指数

（a）

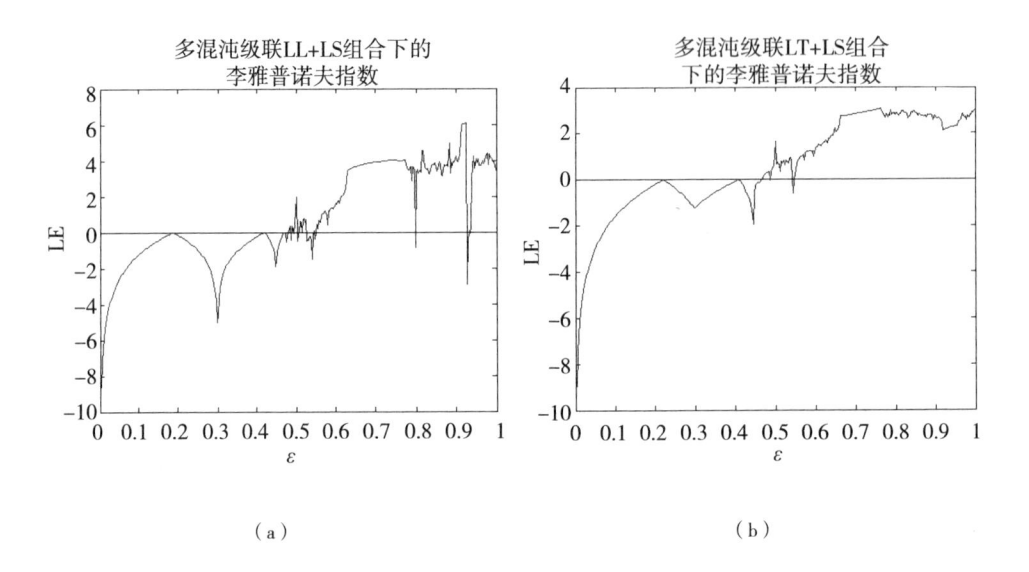

（b）

图2-7 多混沌级联系统的李雅普诺夫指数变化图

多混沌级联SL+TS组合下的李雅普诺夫指数

多混沌级联SS+SL组合下的李雅普诺夫指数

(c)

(d)

多混沌级联SL+ST组合下的李雅普诺夫指数

多混沌级联TL+LS组合下的李雅普诺夫指数

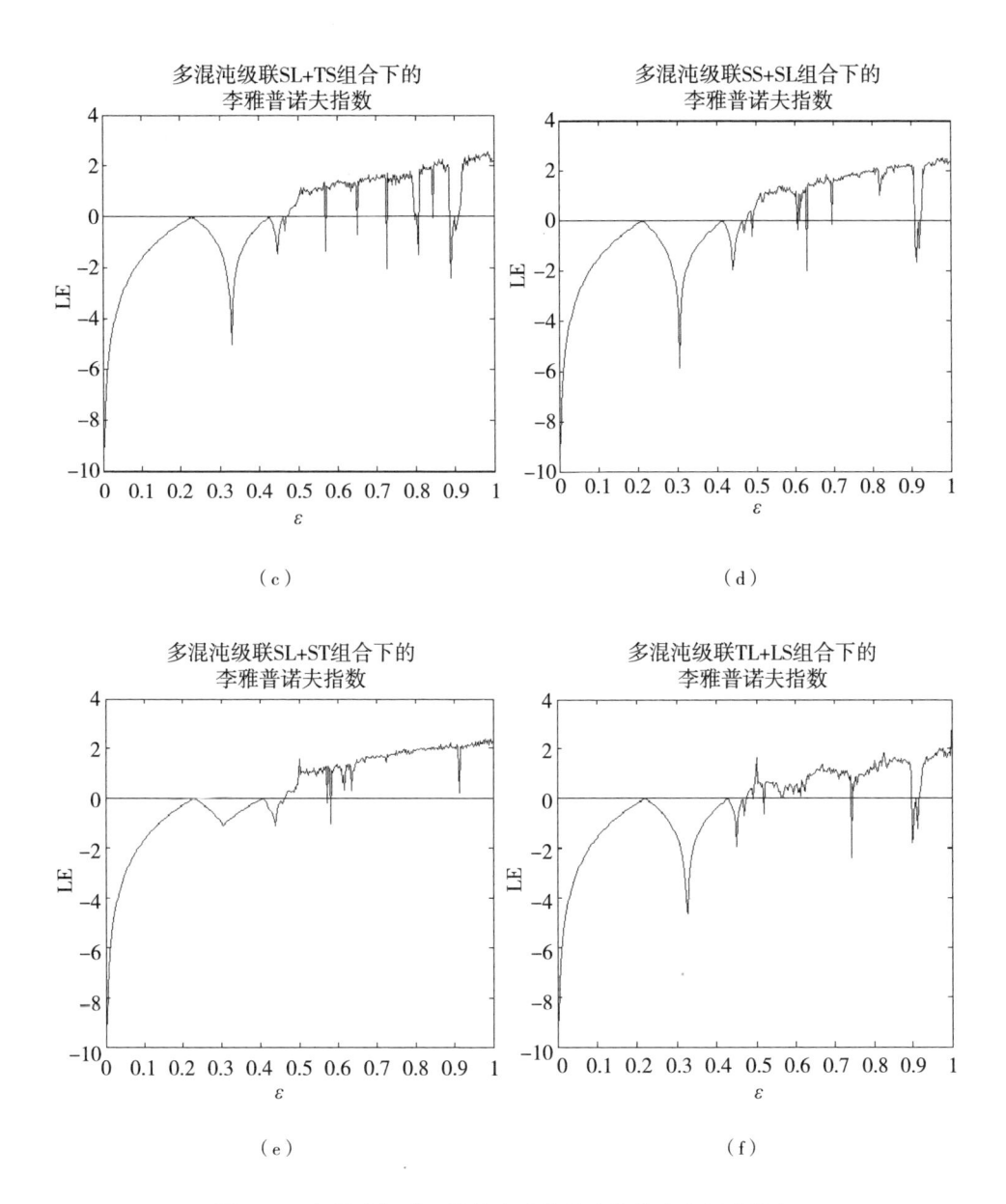

(e)

(f)

图2-7 多混沌级联系统的李雅普诺夫指数变化图（续）

从图2-6和图2-7可以看出，相比三个单独的系统，多混沌级联系统的初始密钥空间明显扩大，同时分形维数也增加了，这意味着多混沌级联系统将会使加密系统变得更加复杂。

为了使加密系统变得更加复杂和难以破解，还可以将附加函数引入系统中，如图 2-8（a）所示的多混沌级联系统图，将函数 $f(x)=x+4$ 引入系统中，图 2-8（b）和图 2-8（c）分别展示了改进后级联系统的李雅普诺夫指数图和分形维数图。

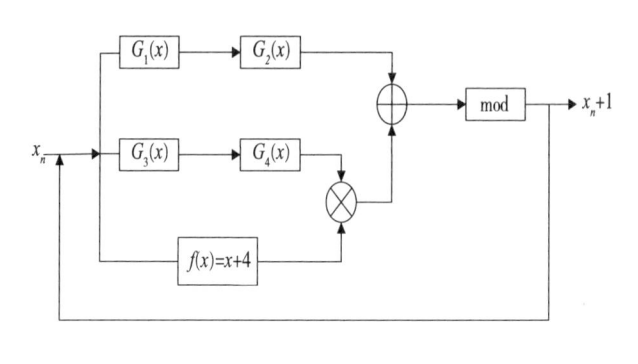

（a）

改进后的多混沌级联LL+LS组合下的
李雅普诺夫指数

改进后的多混沌级联LL+LS组合下的
分形维数

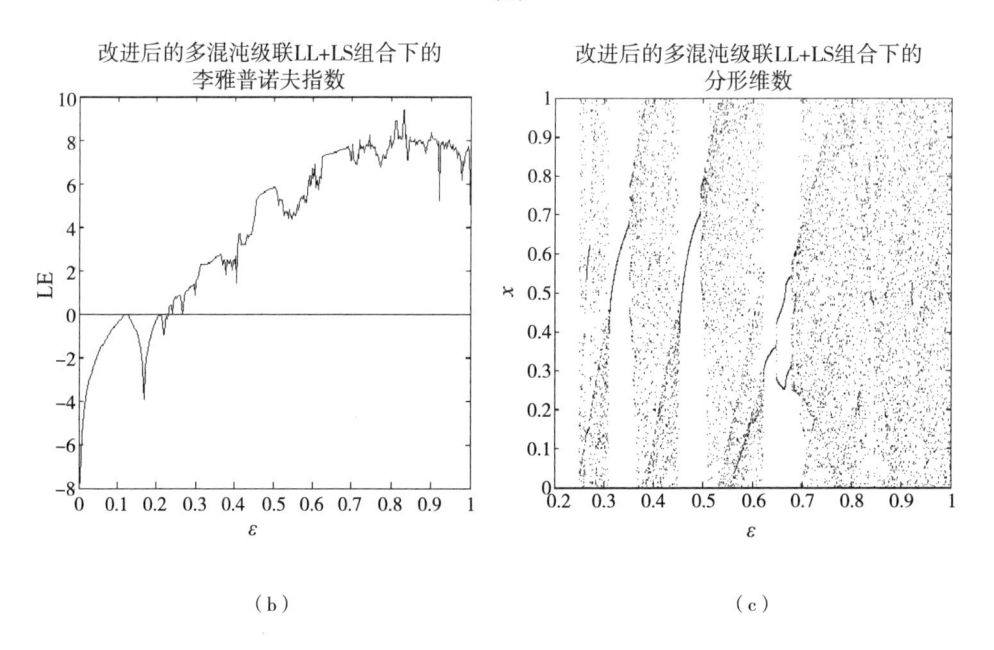

（b）　　　　　　　　　　（c）

图 2-8　改进后的 LL+LS 多混沌级联系统

从图 2-8（b）和图 2-8（c）可以看出，改进后的多混沌级联系统拥有更大的密钥空间和更复杂的分形效果，使用改进后的系统作为图像加密系统会使密文图像更难以破解。

2.3 混沌加密攻击方法与效果评价

本节主要介绍如何从标准数据库中获取明文图像，利用不同方法进行加密和攻击效果的分析[3-4]。

2.3.1 统计分析

以图像 airplane 为例进行加密前后像素分布分析，如图 2-9 所示。

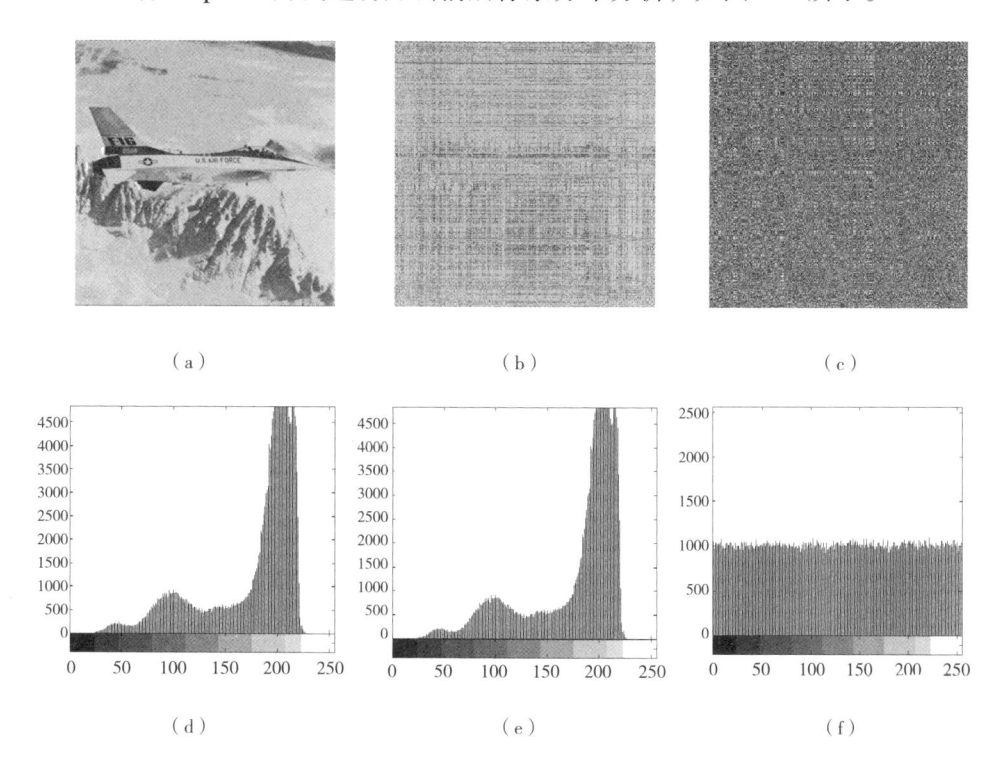

图 2-9 图像 airplane 的像素分布柱状图

图 2-9（a）是原始明文图像，图 2-9（d）为明文图像的像素分布。图 2-9（b）为位置加密后的图像，图 2-9（e）是位置加密后图像的像素分布。对比图 2-9（d）和图 2-9（e）可以看出，位置加密并没有改变图像的像素分布。图 2-9（c）是元素加密后的图像，图 2-9（f）是元素加密后图像的像素分布。对比图 2-9（d）、图 2-9（e）和图 2-9（f）可以看出，只有元素加密改变了图像的像素分布。

2.3.2 关联度分析

关联度分析是确认加密图像能否抵制差分攻击的重要方法，它的计算公式如下：

$$E(x) = \frac{1}{N}\sum_{i=1}^{N} x_i \tag{2-14}$$

$$D(x) = \frac{1}{N}\sum_{i=1}^{N}(x_i - E(x))^2 \tag{2-15}$$

$$\mathrm{cov}(x,y) = \frac{1}{N}\sum_{i=1}^{N}(x_i - E(x))(y_i - E(y)) \tag{2-16}$$

$$\gamma = \frac{\mathrm{cov}(x,y)}{\sqrt{D(x)} \times \sqrt{D(y)}} \tag{2-17}$$

图 2-10（a）～（c）是原始明文图像像素在 x-x，y-y，x-y 上的关联性分布，可以看出像素分布在三个方向的关联性都较强；图 2-10（d）～（f）是密文图像在 x-x，y-y，x-y 上的关联性分布，图像在三个方向都近似呈均匀分布。

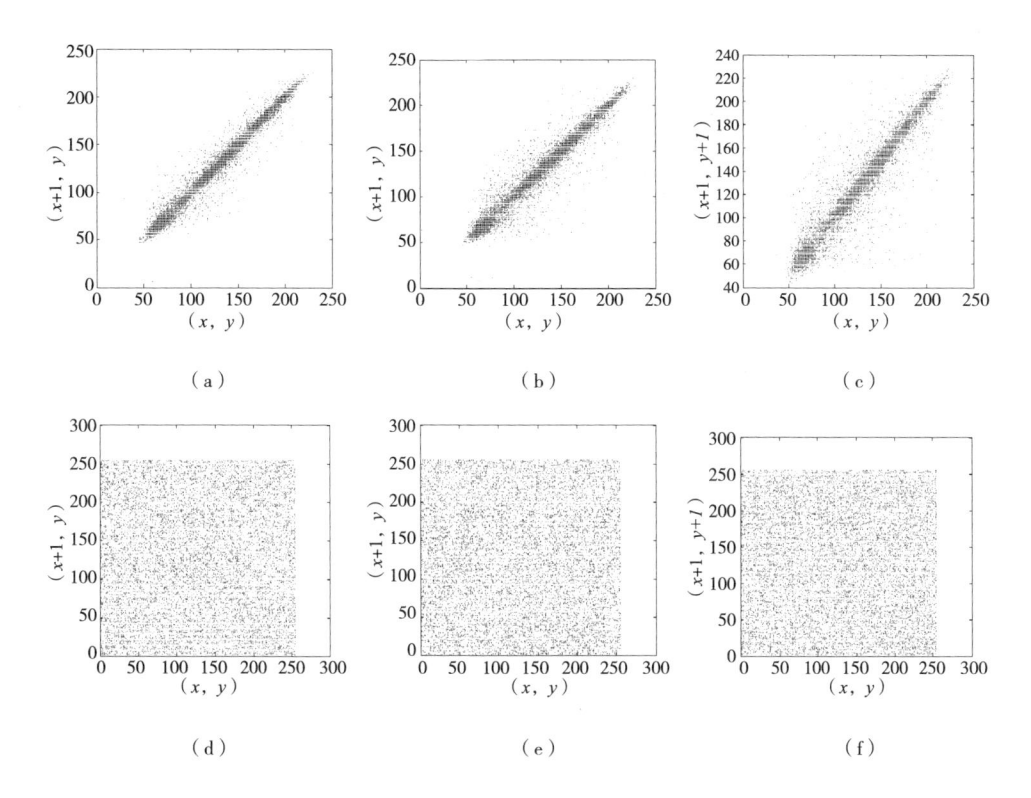

图 2-10　lena 图像的明文和密文在 x-x，y-y，x-y 方向上的关联性分布

表 2-1 为不同明文和密文图像在水平、垂直、对角方向的分布。

表 2-1　不同明文和密文图像在水平、垂直、对角方向的分布

明文 / 密文	图像名称	关联方向		
		水平	垂直	对角
明文	lena	0.984 9	0.971 8	0.957 0
	baboon	0.757 4	0.863 3	0.729 3
	airplane	0.964 8	0.946 5	0.972 2
	couple	0.952 4	0.915 5	0.945 0
密文	lena	0.006 8	0.010 3	0.004 4
	baboon	0.014 8	0.024 8	0.006 1

续　表

明文/密文	图像名称	关联方向		
		水平	垂直	对角
密文	airplane	0.006 9	0.008 6	0.013 3
	couple	0.038 0	0.004 1	0.020 5

从表 2-1 可以看出，加密后的图像关联性明显降低。

2.3.3　密钥敏感度分析

以图像 couple 为例，当密钥分别发生微小变化，即 $\varDelta = 10^{-15}$，$\varDelta = 10^{-16}$，$\varDelta = 10^{-18}$ 时，加密和解密的仿真结果如图 2-11 所示。

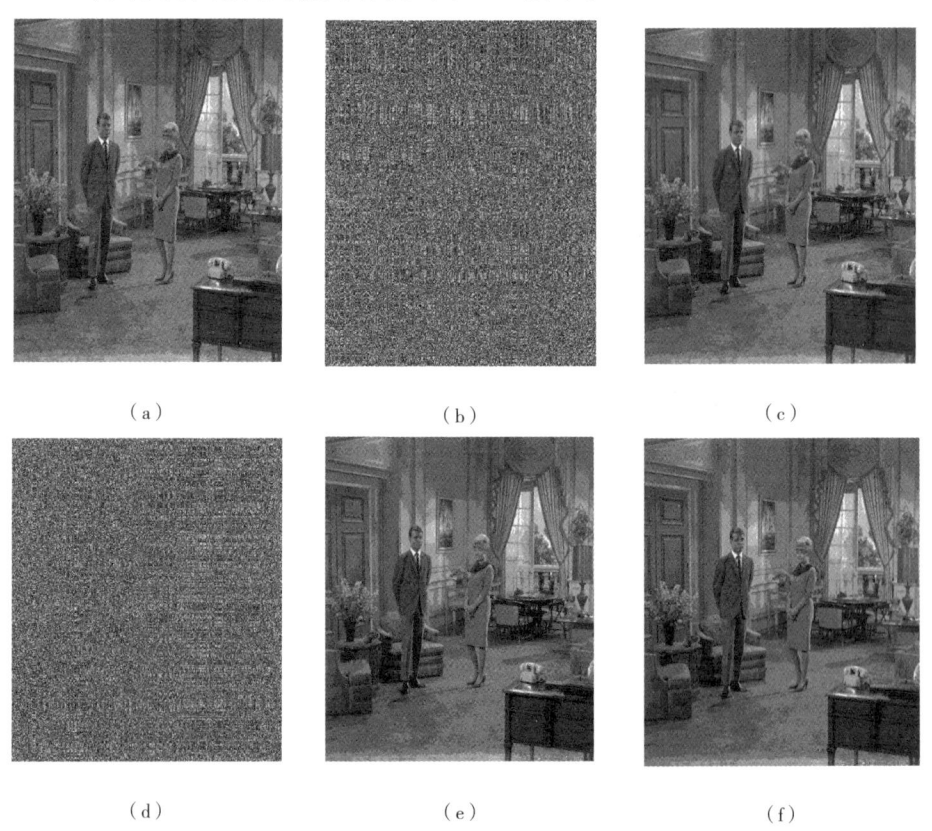

图 2-11　使用正确和错误密钥的结果分析

图 2-11（a）是原始图像，图 2-11（b）是加密后的图像。图 2-11（c）是使用正确密钥解密的图像，图 2-11（d）是密钥改变 $\varDelta = 10^{-15}$ 后解密的图像，图 2-11（e）和图 2-11（f）分别是密钥改变 $\varDelta = 10^{-16}$ 和 $\varDelta = 10^{-18}$ 后解密的图像。从图 2-11 中可以看出：当密钥发生 $\varDelta = 10^{-15}$ 变化时，解密结果是完全错误的图像，但是当密钥分别发生 $\varDelta = 10^{-16}$ 和 $\varDelta = 10^{-18}$ 变化时，解密结果依然是正确的结果。所以，此加密系统的密钥精度为 $\varDelta = 10^{-15}$。

表 2-2 为不同图像在不同密钥变化下的解密错误率。

表 2-2 不同图像在不同密钥变化下的解密错误率

密钥改变量 $\varDelta$	图像名称			
	couple	lena	airplane	baboon
$\varDelta = 10^{-15}$	99.585	99.591	99.615	99.599
$\varDelta = 10^{-16}$	0	0	0	0
$\varDelta = 10^{-18}$	0	0	0	0

从表 2-2 可以看出，三幅图像在变化 $\varDelta = 10^{-15}$ 时，几乎都是完全无法解密的；但是当 $\varDelta = 10^{-16}$ 和 $\varDelta = 10^{-18}$ 时，对解密系统不造成任何影响。

2.3.4 密钥空间大小分析

密钥空间的大小决定了加密系统是否能够抵制暴力破解攻击。通常情况认为，只要密钥空间大于 2^{128} 的加密系统都能抵制暴力攻击。混沌加密系统密钥灵敏度为 $\Delta x = 10^{-15}$，流形的空间为 10^{88}，因此混沌加密系统密钥空间为

$$\text{keyspace} - 10^{88} \times 2^3 \times (2^4 \times 2^3) \times 2^3 \approx 2^{305} \qquad (2\text{-}18)$$

2.3.5 差分攻击分析

差分攻击的分析公式为

$$\text{NPCR} = \frac{\sum_{i,j} D(i,j)}{M \times N} \times 100\% \quad (2-19)$$

$$D(i,j) = \begin{cases} 1, & C \neq C' \\ 0, & C = C' \end{cases} \quad (2-20)$$

$$\text{UACI} = \frac{1}{M \times N} \left[\sum_{i,j} \frac{|I - I'|}{255} \right] \times 100\% \quad (2-21)$$

式中：NPCR是指像素的变化率；UACI代表像素平均变化率；$D(i,j)$是布尔函数；C, C'为两幅图像在位置（i, j）的像素值；I, I'为两幅图像在位置（i, j）的像素强度值。

表2-3为图像lena的NPCR和UACI。

表2-3 图像lena的NPCR和UACI

图像名称	NPCR	UACI
lena	99.61	33.43

理想情况，NPCR=100%，UACI=33.4%。

2.3.6 噪声攻击

在仿真实验中，分别向密文图像中加入强度为0.000 001的椒盐噪声、斑点噪声和高斯噪声，然后使用正确的密钥进行解密。仿真结果如图2-12所示。

(a)　　　　　　　　　(b)　　　　　　　　　(c)

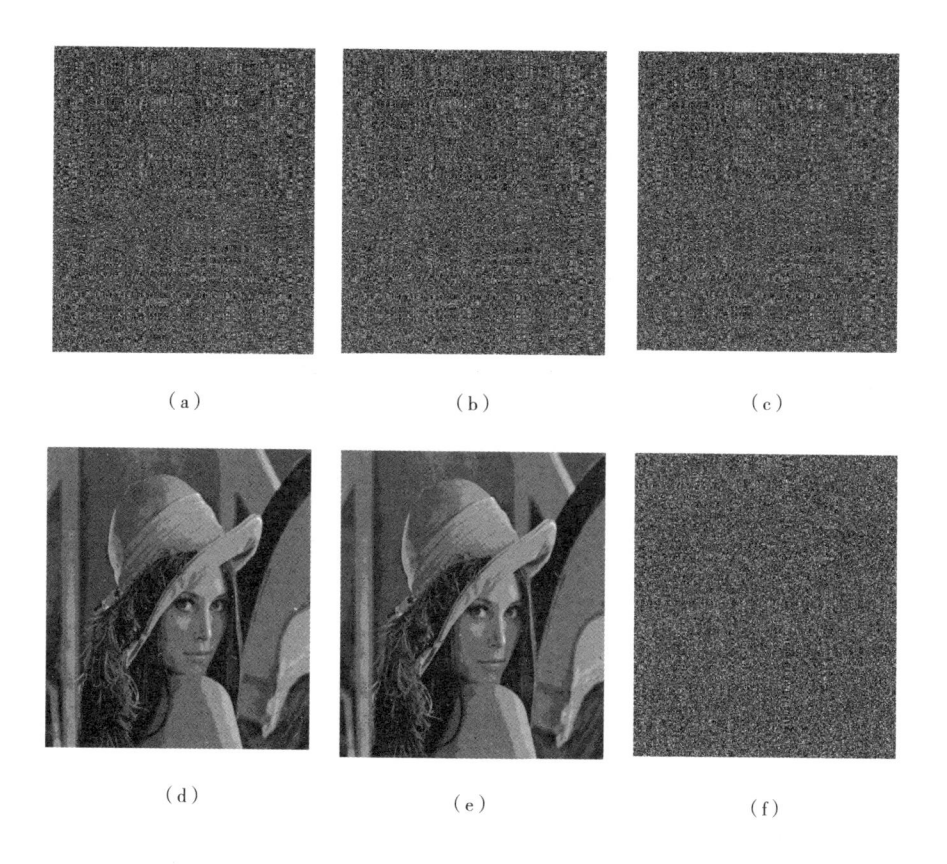

(d)　　　　　　　　　(e)　　　　　　　　　(f)

图 2-12　噪声攻击仿真

图 2-12（a）是将椒盐噪声加入密文图像中，图 2-12（d）是用正确密钥解密的效果，结果显示并不影响解密效果。图 2-12（b）是将斑点噪声加入密文图像中，图 2-12（e）是用正确密钥解密的效果，结果同样显示并不影响解密效果。图 2-12（c）是将高斯噪声加入密文图像中，图 2-12（f）显示解密效果完全错误。实验使用多幅图像反复实验，实验结果和上述类似，不再一一展示，可以得出结论：高斯噪声对密文图像的影响最大。

2.3.7 信息熵分析

信息熵分析是用来衡量加密系统抵制不确定随机变化的能力，通常用如下公式计算：

$$H(I) = -\sum_{i=0}^{255} P_r(I=i) \log_2 P_{r(I=i)} \qquad (2\text{-}22)$$

不同图像的明文和密文的香农信息熵如表 2-4 所示。

表 2-4　不同图像的明文和密文的香农信息熵

图像名称	明文	密文
lena	7.218 5	7.968 5
baboon	7.139 1	7.967 5
couple	7.051 7	7.968 2
airplane	6.717 8	7.967

以尺寸大小为 256×256 的图像为例，当香农信息熵等于 8 时，加密取得最理想效果。

2.3.8 解密效果分析

通常使用峰值信噪比（peak signal-to-noise ratio, PSNR）、水平关联度（normalized cross-correlation, NCC）和结构相似度（structural similarity, SSIM）来衡量在解密过程中是否存在信息泄露。三种指标的计算公式如下：

$$PSNR = 10 \log_{10} \frac{D_{max}^2}{MSE} \qquad (2\text{-}23)$$

式中：PSNR 用于衡量解密图像与原图像的噪声差异，值越高表示图像质量越好；D_{max} 为图像像素的最大值；MSE 为均方误差。

$$MSE = \frac{1}{M \times N} \sum_{x=1}^{M} \sum_{y=1}^{N} (I(x,y) - D(x,y)) \qquad (2\text{-}24)$$

式中：$I(x,y)$ 为原始图像在位置 (x,y) 的像素值；$D(x,y)$ 为解密图像在位置 (x,y) 的像素值；$M \times N$ 为图像分辨率（总像素数）。

$$\mathrm{NCC} = \frac{\sum_{x=1}^{M}\sum_{y=1}^{N}(I(x,y) \cdot D(x,y))}{\sum_{x=1}^{M}\sum_{y=1}^{N}(I(x,y))^2} \quad (2-25)$$

式中：NCC 用于衡量两幅图像的线性相关性，其取值范围为 [-1,1]，1 表示完全正相关。

$$\mathrm{SSIM}(I,D) = \frac{(2\mu_I \mu_D + C_1)(2\delta_{ID} + C_2)}{(\mu_I^2 + \mu_D^2 + C_1)(\delta_I^2 + \delta_D^2 + C_2)} \quad (2-26)$$

式中：μ_I，μ_D 分别为原始图像和解密图像的像素均值；δ_I^2，δ_D^2 分别为原始图像和解密图像的像素方差；δ_{ID} 为原始图像和解密图像的协方差；C_1，C_2 为常数，用于避免分母为零。不同图像的解密效果评估如表 2-5 所示。

表 2-5 不同图像的解密效果评估

图像名称	峰值信噪比	水平关联度	结构相似度
lena	∞	1	1
baboon	∞	1	1
couple	∞	1	1
airplane	∞	1	1

从表 2-5 可以看出，混沌加密图像的峰值信噪比趋近于无穷大，水平关联度和结构相似度都近似为 1，因此混沌加密系统的解密效果非常理想。

第3章 混沌密码攻击方法研究的结果与展望

3.1 混沌密码攻击方法研究的主要结果

实验证明：混沌加密能使密钥的灵敏度变得特别高，因此在计算密钥时采用 Foliation 条件进行约束，能够保证流形初始密钥选择的精度。利用"格子细分"法是缩小初始密钥的有效手段，但是在利用"格子细分"法之前必须先验证流形轨道的收敛性。如果流形轨道是收敛的，"格子细分"法能够很好地缩小密钥计算量；但是如果流形轨道是发散的，假如还按照设定的精度值自适应地计算初始密钥，将会增加初始密钥的计算量。利用收敛定理计算混沌加密系统平衡点，进一步通过数值逼近计算初始密钥能够达到很好的效果，并且如果流形是发散的话，可以反向迭代计算平衡点，依然能够通过数值逼近计算出初始密钥，为各类混沌密码攻击方法的研究做铺垫。

本书提出的基于弧长限制法的三维非自治动力系统流形的计算方法主要有三个优点：首先，避免了边界条件的判断，降低了计算复杂度；其次，采取定弧长延拓，并记录单步长的耗时，在保证绘出合适可视化图形前提下，反映了流形的增长速度；最后，利用自适应因子法增加全局流形的轨道，提高了流形的计算精度，避免了插值带来的误差，而且每条轨道有相同的步长，便于流形面网格面的计算。

本书提出了一种尺度自适应的多阈值插值准则，其适用于二维流形的计算。通过学习前一时刻的流形增长信息指导当前时刻的插值，发现每对相邻轨迹拥有自己的插值阈值，阈值的大小由前一时刻的流形环上的最小阈值和流形尺度增长情况决定。控制因子为流形尺度增长与最小阈值间的比例系数。控制因子的引入可以使阈值的变化更好地适应流形尺度变化，从而在不同几何尺度下构建流形。

改进流形计算密码攻击的方法，一方面在扩展相空间中改进了已有的度量函数；另一方面给出了变步长收敛算法。本书主要在二维和三维达芬系统的特殊双曲轨迹计算中对所做的工作进行了验证。与已有的度量函数相比，在扩展相空间中更能够准确地反映出时变向量场流的细节特征，避免了在扩展相空间到相空间的投影过程中产生流长度失真，从而保证了点随着积分步长的增加而光滑地、稳定地收敛。与已有的算法相比，变步长收敛算法有以下突出之处：一是采取了瞬时驻点轨迹估计初始区域，使初始位置的判断更为可靠；二是利用变步长的思想提高了在高精度下算法的执行效率；三是通过参数的推导和实例分析，取值在 $0.1 \sim 0.3$ 时算法具有较高的计算性能。需要注意的是，初始网格不适宜取值太大，根据初始区域的选择按倍收敛即可。通过对各种加密方法的研究，本书能够把握混沌加密后的复杂行为，从而解决当前混沌密码攻击的瓶颈问题。

3.2　混沌密码攻击方法研究的不足与展望

（1）目前对混沌加密方法的研究仍然是主流，混沌加密方法发展迅速，混沌密码攻击效果不明显，只能针对特定密文起到一定效果。

（2）研究中发现，利用超像素分割结合混沌加密的方法进行加密，加密效果和量子加密的效果几乎一致，只是加密速度是该技术推广的瓶颈。

（3）由于实验条件所限，仅仅将加密和密码攻击方法应用于普通的图像加密中，如果后续实验条件允许，可以将该项研究应用于微光夜视图像、高光谱图像和合成孔径雷达图像中。

第 2 部分

航电处理平台操作

第4章 导论：综合航电处理平台进展及研究规划

4.1 综合航电处理平台的概念及特点

综合模块化航空电子处理平台（intergrated modular arionics, IMA）是指飞机上的一个分布式实时计算机网络，该网络包含若干个计算处理模块及网络接口，且每个计算模块能够驻留多个不同安全关键级别的应用程序，各种类型的数据均可接入 IMA 网络。IMA 的核心理念是硬件共享，即多个应用程序共享同一个处理单元，这样就能减少处理单元数、网络数据线、I/O 接口数量。此外，还能减轻航空电子系统的重量、减小体积、降低能耗等[5]。

民用飞机 IMA 系统在结构上是一个模块化的核心处理平台，在物理结构上引入了核心处理部件——机柜，使用同一标准化的硬件模块，并且机柜中的处理模块是可更换的。IMA 使用分布式网络和总线连接的现场可更换模块（line replaceable module, LRM），取代了传统的数字总线和现场可更换单元（line replaceable unit, LRU）的组合方式，将计算和数据处理工作集中到平台上的共享模块中。由于 LRM 的广泛使用，使模块的通用性得到很大提高，且其种类大大减少。模块具有优良的故障检测和隔离能力，可以对故障进行更加精确的定位，并且通过系统的重构能力，能够达到整合各种硬件资源以及降低产品成本、减小产品体积和重量的目的，增强了系统的容错能力，提高了系统的可靠性。

当前先进的大型民用客机均采用 IMA 系统，民用飞机是一个高度综合的复杂系统，而它的先进航空电子处理平台——综合模块化航空电子核心处理系统，作为飞机的一个重要组成部分，主要用于保障飞机在起飞、航行及着陆等飞行阶段的安全航行，为飞行员和乘客提供安全可靠的飞行[6]。IMA 中的核心处理系统用于集中处理，采用分时分区的实时操作系统，可进行高性能的处理工作，并为驻留其中的功能应用提供服务。IMA 核心处理系统中的每个处理模块都综合了一些功能应用软件，而软件中的不同功能可经由应用执行接口层对其进行分割，完成软件综合，以便软硬件独立开发。应用 IMA 核心处理系统达到系统资源共享，有利于集中管理，更容易进行故障诊断和维修。

IMA 系统可以看作嵌入式系统环境下的集中式分时共用系统，各种驻留功能应用运行在公共计算资源板卡上，其具有高性能公共处理资源、高速通用数据网络和开放式的软硬件体系结构。IMA 体系架构改变了以往以传感器为中心的设计方式，通过驻留在通用处理资源上的功能软件实现不同的功能应用，减少了设备和模块种类，提高了系统的可靠性和稳定性，同时便于升级维护，降低了航电系统全生命周期的成本，已经在现代航空电子系统中得到了广泛的应用。

相比传统的独立式、联合式航空电子系统，IMA 系统具有以下特点[7-9]：一是对硬件设备进行了综合，包括网络、模块和 I/O 设备；二是开放式、模块化体系结构能够支撑系统模块的可配置性、可重构控制、可扩展能力及现场可替换模块等"二级维护"概念；三是采用分层体系结构，利用标准的编程接口使硬件与应用软件彼此独立；四是采用分区操作系统来管理同一模块中的多个应用程序，操作系统必须采取保护机制来确保同一硬件模块中的多个应用程序之间不会相互影响；五是具有超高的计算、处理能力，实现了系统的高度综合处理，包括数据传输、转换及处理；六是采用高速互联通信网络，实现了系统资源、信息的高度共享；七是具有良好的系统健康诊断及容错重构能力，能够支撑任务的高完成率。

4.2 研究内容及意义

基于片上系统的综合航电处理平台操作概念研究是指从使用的角度出发，描述系统的操作和行为。所有的利益相关方通过操作概念来统一其对系统的理解，并且得到关于系统的明确目标。对于飞行员而言，民用飞机航电处理平台是提供全部飞行信息及决策建议、实现双向人机交互和空地通信的综合资源平台，帮助其完成给定的飞行任务；对于软件工程师而言，民用飞机航电处理平台是获取与态势信息、飞行任务和飞机系统有关的共享数据的平台；对于硬件工程师而言，民用飞机航电处理平台是在单一底板上，具有良好互通性和支持所需传输要求带宽的综合模块化系统；对于系统工程师而言，民用飞机航电处理平台是一套具有复杂任务处理能力、高速信息传输能力、良好人机界面设计，并且符合开放性标准、高安全性、高可靠性、经济可承受性等要求的嵌入式复杂电子系统。操作概念研究是开发系统前必须进行的工作，是系统研制的基础。

对于民用飞机航电处理平台而言，系统由硬件和软件组成，且其上有多个驻留应用，因此必须完成对综合航电处理平台相关设施和驻留应用的相关操作以及调研研究，这样才能开展综合航电处理平台的设计工作。操作概念可以帮助系统设计者考虑系统各个方面的信息从而减少后期的项目风险，同时可以帮助设计者发现改进方法从而提高系统性能。操作概念定义是系统需求的主要来源。

第 5 章　综合航电处理平台结构

5.1　IMA 系统结构

IMA 是一个分布式计算平台，系统中的设备之间通过实时可靠的网络进行连接，并使用有限的通用模块来提供软件和功能的执行。此外，IMA 通过将实时操作系统作为中间层，使功能的实现能够独立于目标模块。同时，在物理属性等多方面，IMA 还使用了标准化的组件用于综合、维修以及升级[10]。

IMA 系统的实现得益于使用了标准化的硬件设备/模块、通信组件以及软件功能进行了构建。机柜是指有一定尺寸、能为通用处理模块提供各种资源（如安装槽位、冷却能力、负载能力、电源等）的物理实体。一种典型的 IMA 架构示意图如图 5-1 所示。

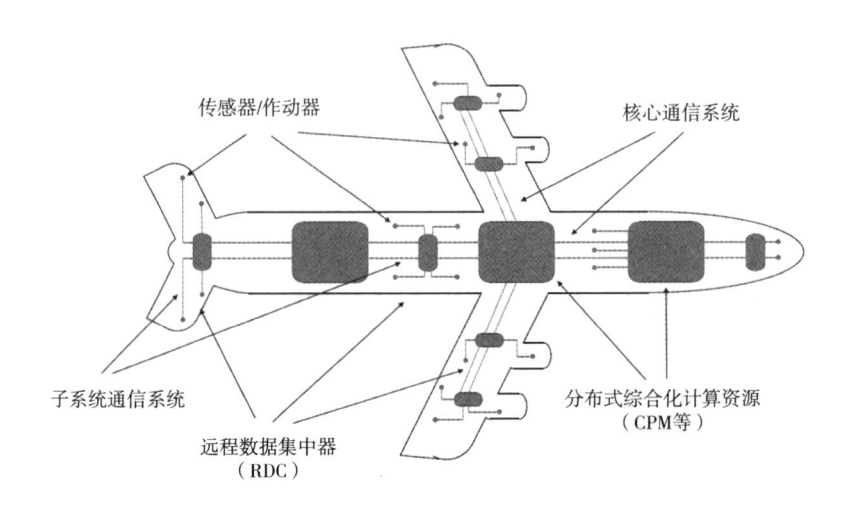

图 5-1　IMA 架构示意图

多个类型的通用处理模块安装在机柜内，机柜内的通用处理模块通过网络连接在一起，如图 5-2 所示。根据天线数据量的大小，安装多个标准射频模块，对天线数据进行射频处理。机柜内的通用处理模块可以通过网络进行交互协作，根据系统功能的要求对射频模块处理后的数据进行各种处理（如信号处理、图像处理等）。两台 IMA（IMA1 和 IMA2）可同时工作，并互为备份，提高系统结构的可靠性。当受到装机限制或功能分割限制，单独的一台 IMA 不能完成所有功能时，可由 IMA1 和 IMA2 分别承担，此时 IMA1 和 IMA2 在逻辑上构成一个整体，组成了分布式核心处理器[11-13]，如图 5-3 所示。

第 5 章　综合航电处理平台结构

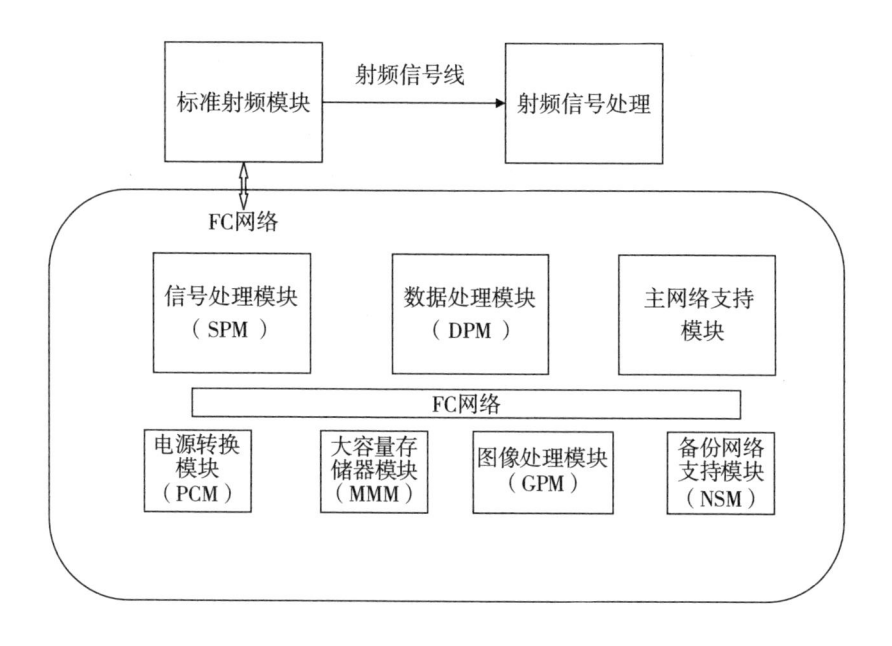

图 5-2　机柜内部示意图

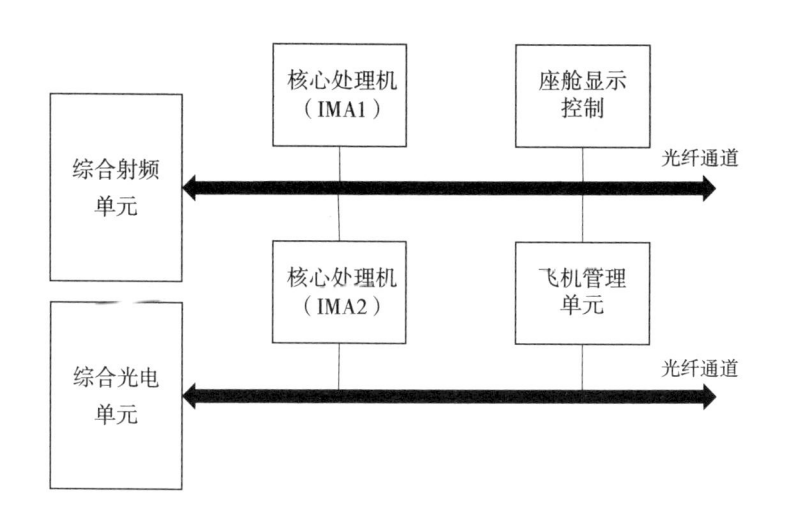

图 5-3　分布式核心处理器

射频传感器综合是将飞机上全部频率范围的射频信号进行综合，完成这些信号的接收、发射和预处理，并采用统一的硬件体系架构，从孔径、变频器、预处理器到信号处理器及数据处理器都采用同一类硬件资源,以为多个功能所共用。功能和硬件模块之间没有固定的对应关系,其通过射频、数字或光交换网络实现同类的多个模块在不同功能之间的配置使用。图 5-4 表示了综合射频传感器与核心处理器的关系结构。

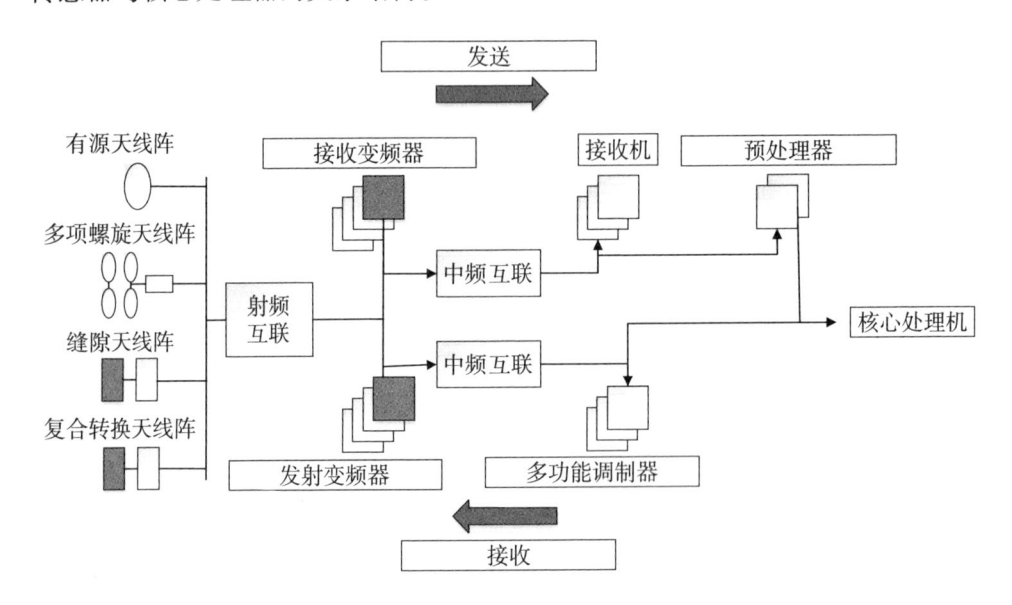

图 5-4 综合射频传感器与核心处理器的关系结构

5.2 IMA 系统主要部件及数据转换

IMA 系统是一个模块化结构,各部件均为标准化的硬件模块。其中,通用核心处理模块(general processing module, GPM)支持数据计算等处理功能;提供 IMA 平台基本功能,如实时操作系统、交换机驱动、健康监控、分区间通信等;驻留并运行分区应用。交换机一般有内置交换机(AFDX cabinet switch, ACS）和远程交换机（AFDX remote switch, ARS）两种，支持 IMA 系统各元件之间数据传输功能，为达到高可用性的目的，其终端系统连接在与交换机相匹配的两条冗余通道上[14]。远程数据集中器（remote data collector, RDC 支持将传感器等非 IMA 设备产生的设备信号数据（如 A429、CAN、模拟信号、离散信号等）经由交换机传至 GPM 进行数据计算；支持 GPM 数据处理结果到作动器、控制器等的传播。控制器、传感器、执行器等为非 IMA 对象。各组件有固定的可用性和完整性，IMA 系统结构中可引入提高完整性的 COM-MON（命令－监控）结构以及可提高可用性的冗余结构，根据驻留应用的安全等级不同，IMA 系统的规模和架构随之改变。图 5-5 描述了一种 IMA 系统模块化结构。此结构主要由 GPM、ARS、RDC、控制器组成，而通用高速网络（avionics full duplex switched ethernet, AFDX）将系统的各个模块进行连接，从控制器收集数据，经 RDC 转换，将数据在系统的智能功率模块（intelligent power module, IPM）进行集中处理，数据处理完毕产生的命令再经由 RDC 传到作动器。IMA 系统的资源模块是可配置的，每个驻留应用按其需求及安全等级分配所需的资源，满足应用执行时需要的处理能力、处理时间、网络通信等要求。在 IMA 系统中，通过加载每个组件的特定配置表，可以实现资源模块的配置。各个资源模块的配置表保证了资源可顺利完成任务。

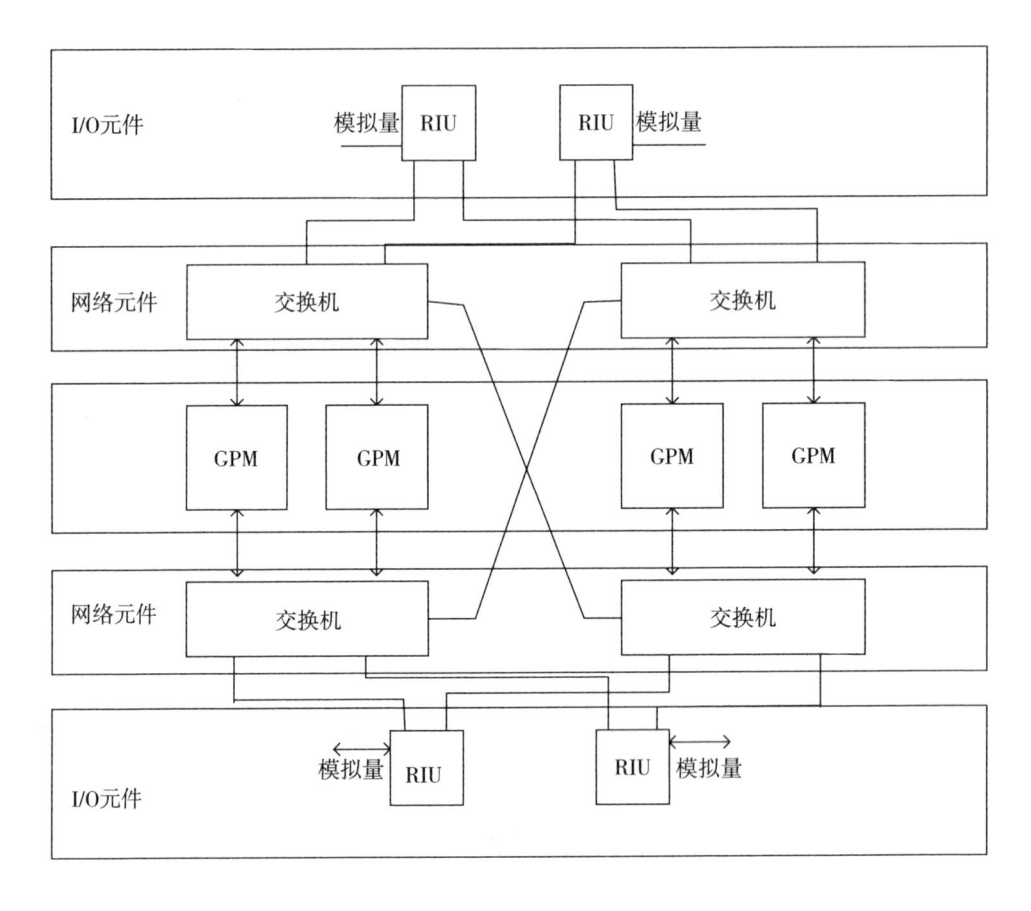

图 5-5　IMA 系统模块化结构

5.2.1　通用核心处理器（GPM）

GPM[15-17]的主要功能是通过提供数据处理能力，以及提供健康监控、I/O等基础性服务，为驻留应用提供可计算的资源。宿主功能应用驻留在 GPM 上，每个 IPM 都装载了实时操作系统。操作可对同一处理模块上的不同应用进行基于模型驱动的 IMA 资源安全分配与验证方法研究管理。随着应用规模的不断扩大，一个航电应用往往由运行在不同处理器中的几个软件功能共同构成。对于驻留在一个处理模块的不同应用的功能，可以按照空间和时间两方面因素进行分区。一方面，空间分区是指每个分区由模块集成者根据空间分隔需求为每个分区分配最大允许数量的资源，这些空间资源包括内存、非易失性存储器、I/O 资源等。操作系统底层机制为分区数据提供保护，防止其他分区对其进行修改。另一方面，时间分区以主时间框的组织形式，通过配置信息为每个模块中的功能静态分配时间片。模块中的每个分区在主时间框内可获得一个或多个调度窗口，在调度窗口内，应用中的功能获得时间片后可被激活。时间片的分配具有周期性和固定性，因此每个功能都在特定时间周期内执行。在时空分区机制下，功能变得独立，错误行为可以在不影响系统完整性的情况下被隔离。GPM 的失效行为主要有计算资源的丢失和计算资源错误两种。

5.2.2 交换机（ACS/ARS）

AFDX 网络由多个交换机连接多个终端系统组成，负责系统中数据的传输，是 IMA 系统的通信通道。航电系统基于冗余和可信的以太网络以及航电具体约束（如安全性和时序问题等），最终选择全双工模式的交换以太网。AFDX 网络呈双通道星型拓扑状，交换机的每个端节点都有两个节点（含一个备用节点），并使用通道 A 和通道 B 两个独立的通信路径进行全双工的点到点连接。

AFDX 网络中的交换机包括 ACS 和 ARS。ACS 位于机柜内部，负责控制数据流的正常工作以及监测数据的正确配置。ARS 位于飞机左翼、右翼、尾部等各个位置，可与 RDC 和 LRM 连接，完成各种数据信号的传输和转换。

每个核心处理资源机柜中有两个 ACS，支持数据过滤、管制和无阻塞的交换，其具有 24 个物理交换端口，每个交换模式都是一个单独的实体，从而提供了飞机数据网络的冗余。当其中一个网络通道上的交换模块数据传输出现故障时，另一个网络通道的交换模块仍能保证数据的可用性[18]。

ARS 是专用 LRU，它们负责提供总线数据与非总线数据的转换以及部分非总线数据之间的转化。作为 IMA 系统的一个组成部分，其是能够满足完整性和可用性要求的专用输入输出结构。

5.2.3 远程数据集中器（RDC）

RDC[19-20] 是连接其他飞机子系统与 IMA 系统的数据接口。RDC 的主要功能是为宿主功能传递 I/O 资源数据（如模拟、离散、A429、CAN 信号），并完成简单的处理功能（如组合逻辑运算的与、或、异或等）。RDC 用于接收来自其他飞机子系统的模拟信号、A429 信号、CAN 信号等，在内部进行数据转换，将转换后的数据通过 AFDX 终端系统的特定通信口进行传输。当 AFDX 传输来自 GPM 的命令时，RDC 从 AFDX 终端特定通信口取得 AFDX 数据包，将其转换成离散信号、A429 信号、CAN 信号等并映射到连接总线的发射缓冲区。为防止接口间出现数据传输混乱及交叉错误，RDC 中的 I/O 划分采用物理分隔的方法。RDC 的失效模式为 I/O 资源的丢失、I/O 资源出错。从工业经验来看，可将单个 RDC 丢失的安全等级归为次要，单个 RDC 错误归为主要。

5.2.4 主要部件中的数据传输

1. GPM[21]

GPM 主要用于实现系统的数据处理功能，其输入主要是机电子系统关键数据测量值，输出是经过驻留功能模型处理后的控制信号数据。核心处理系统中的操作系统可对 GPM 建立分区及任务调度功能模型。

2. 交换机模块[22]

IMA 核心处理系统使用的数据传输网络为 AFDX。AFDX 主要包含终端系统（terminal systems, ES）、交换机（ARS、ACS）和虚拟链路（virtual link, VL）。

利用虚拟链路可以实现终端系统间的数据信息交换。虚拟链路具有单向链接作用，逻辑上可以将数据从某单独源端传输到一个或多个目标端。AFDX 的传输设计是基于通信链路物理上冗余的交换网络原理，即有通道 A、B 的两个独立交换网络，这种结构可以提高数据传输的可靠性。由 AFDX 终端系统发送出的所有数据包，同时在通道 A 和通道 B 上进行传输，所以在两个通道都不发生故障的情况下，每个接收端系统将会收到两个相同的数据包。因此，即使 AFDX 网络中的某个通道出现数据传送失败或者数据链路错误，系统依然能进行安全可靠的数据传输。

AFDX 终端系统负责从航空子系统获得数据包，并将收到的数据包发送给 AFDX 交换机。AFDX 交换机的功能是对传输数据进行路由，将数据由源端口发送至目标端口。数据流向大致为：接收到的数据→通信端口→源 ES（发送）→交换机（ARS、ACS）→目标（接收）ES→通信端口→处理数据。

（1）终端系统。终端系统分为发送端系统和接收端系统。

①发送端系统可实现的主要功能。

a. 添加数据帧序列号，以便在接收端系统识别数据帧的来源，对不符合序列号要求的数据帧予以舍弃。首先复制要发送的数据帧，计算其中一路数据帧的个数作为序列号，当有数据帧传来时标记为序列号，以此类推。该序列号的赋值范围是 0～255，从 1 开始进行标记，而保留的序列号 0 则单独用于终端系统复位。当数据帧个数超过 255 时，再从 1 开始标记。

b. 复制数据帧至通道 A 和通道 B，以满足结构冗余性的要求。

c. 为数据帧标记要发送到的目标端系统的 ID。

d. 可以添加其他所需校验码，如循环冗余校验（cyclic redundancy check, CRC）。

②接收端系统。接收端系统可实现的主要功能：数据一致性检测、数据冗余性管理，具体包括源通道一致性检测、数据完整性检查和数据冗余检测。

（2）AFDX 交换机。AFDX 交换机分为 ARS、ACS，负责将数据进行路由，并且有两个独立的通信路径（通道 A 和通道 B），可以进行全双工的点到点连接。

① ARS。由于在不同通道中使用，ARS 分为 ARS-A 和 ARS-B 两种，其中 ARS-A 的主要功能是将机柜外通道 A 的数据帧进行整合，并根据目标终端系统 ID 发送数据帧。

另外考虑到 ARS 可能发生异常，无法进行数据发送，故增加了一个故障模块。当故障发生时，进入 ARS 的数据帧"堵死"，不能正常工作，此时自动启动备用 ARS-re 以保证安全性。

② ACS。根据所在机柜和使用通道的不同，ACS 可分为用于左机柜通道 A 的 ACS-LA、用于左机柜通道 B 的 ACS-LB、用于右机柜通道 A 的 ACS-RA 以及用于右机柜通道 B 的 ACS-RB。其中，ACS-LA 和 ACS-RA 的主要功能是传输通道 A 的数据，并根据数据所带的 ID 路由送至目标终端系统；ACS-LB 和 ACS-RB 功能与其相同。

3. RDC 模块 [23-24]

RDC 模块可实现数据转换功能，用于收集各缓冲区中各个总线传来的数据（关于子系统的信号），并且将这些数据映射到 AFDX 终端系统中的特定通信口，其发送情况和接收情况类似，即 RDC 模块从 AFDX 终端系统的特定通信口取出数据，将其映射到每个连接总线的发射缓冲区。RDC 模块主要是通过配置文件确定通信口及连接的总线映射。RDC 模块可实现多种功能，如模/数和数/模转换、比例调整、线性化、确定阈值等功能。这里仿真的 RDC 模型只实现简单的数据传送，仿真重点在于实现 RDC 的不同冗余形式（备份冗余、运行冗余）以及模块出现故障时对应的逻辑切换。

第6章 基于IMA驻留软件的人员操作

6.1 IMA驻留软件

系统软件分为基础应用软件和驻留功能软件。其中，基础应用软件可以实现健康管理、数据加载、构型管理、恢复、时间计算、平台数据监控、初始化和管理状态等功能。而驻留功能软件可以分为16类[25]，如表6-1所示。

表6-1 驻留功能软件分类

序号	驻留软件名称	系统名称
1	数据链驻留应用（comm echo）	通信系统
2	机组告警系统软件（flight deck alerting system, FDAS）	指示记录系统
3	简图页软件（synoptics）	指示记录系统
4	电子检查单软件（electronic checklist）	指示记录系统
5	IMA端显示管理软件（IMA display manager）	指示记录系统
6	图像控制软件（virtual contrlo）	指示记录系统
7	平视显示（headup display, HUD）导引软件	指示记录系统
8	飞行管理软件（flight management）	导航系统
9	机场地面地图软件（airpot surface map）	导航系统
10	水废水系统控制软件（water waste control）	水废水系统
11	水阀控制软件（water valve control）	水废水系统

续 表

序号	驻留软件名称	系统名称
12	中央维护故障监控（central maintenance fault monitor）	机载维护软件
13	飞机构型报告软件（aircraft configuration reporting）	机载维护软件
14	OMS（occupancy monitoring system）驾驶舱显示软件（OMS cockpit display）	机载维护软件
15	参数获取软件（parameter acquisition）	机载维护软件
16	IMA 核心软件（IMA core application）	航电核心处理

6.2 人员操作

6.2.1 与 IMA 交互的飞行系统控制操作总结

1. 关于手动控制部分

（1）飞行员通过推拉操纵杆或者操纵盘来控制飞机俯仰，后拉使飞机上升，前推使飞机下降。这个过程应用了数据链驻留应用、OMS 驾驶舱显示软件、飞行管理软件和 IMA 核心软件。

（2）飞行员通过左右转动驾驶盘或者扳动驾驶杆来控制飞机滚转，飞机实际运动方向与飞行员操作方向一致。这个过程应用了数据链驻留应用、OMS 驾驶舱显示软件、飞行管理软件和 IMA 核心软件。

（3）飞行员通过转动手轮移动前后钢索鼓轮，后钢索鼓轮移动齿轮箱和丝杠，当丝杠移动时，水平安定面移动。这个过程应用了数据链驻留应用、OMS 驾驶舱显示软件、飞行管理软件和 IMA 核心软件[26-28]。

（4）机长和副飞行员通过脚下的两个方向舵脚蹬进行航向控制，操纵方向与脚蹬方向一致,同时踩下为刹车指令。这个过程应用了数据链驻留应用、OMS 驾驶舱显示软件、飞行管理软件和 IMA 核心软件。

2. 垂直速度模式

飞行员在垂直速度编辑框输入目标垂直速度,按动垂直速度方式按钮,最后按下控制面板的垂直速度按钮便立刻启动。达到设置高度后,切换为高度保持模式。这个过程应用了数据链驻留应用、飞行管理软件、OMS 驾驶舱显示软件、IMA 端显示管理软件、简图页软件和 IMA 核心软件。

3. 高度选择模式

飞行员在控制面板的高度输入窗口中输入目标高度,再按下高度选择按钮,最后按下控制面板中的启动按钮。这个过程应用了数据链驻留应用、飞行管理软件、OMS 驾驶舱显示软件、IMA 端显示管理软件和 IMA 核心软件。

4. 高度保持模式

该模式操控有两种方式:①飞行员点击高度保持按钮,通过 IMA 输出给伺服系统,保持当前高度;②自动进入高度保持模式,飞机通过高度选择模式的三种方式改变高度时,IMA 与传感器进行实时高度比较,达到高度后进入高度保持模式。这个过程应用了数据链驻留应用、飞行管理软件、OMS 驾驶舱显示软件、IMA 端显示管理软件、简图页软件和 IMA 核心软件。

5. 起飞/复飞模式

飞行员按下起飞按钮控制飞机起飞。复飞,IMA 通过计算阻止飞机下滑,使飞机迅速拉起,使飞机复飞。这个过程应用了数据链驻留应用、飞行管理软件和 IMA 核心软件。

6. 飞行高度层改变

飞行员先选择目标高度，然后点击飞行高度层改变按钮，通过 IMA 输出给伺服机构。这个过程应用了数据链驻留应用、OMS 驾驶舱显示软件、飞行管理软件和 IMA 核心软件。

7. 俯仰角模式

俯视角模式是改变飞行高度的一种模式。飞行员在俯仰角编辑窗口中输入目标俯仰角，然后点击俯仰角模式按钮，通过 IMA 输出给伺服系统，当达到目标高度值时，自动跳离该模式，进入高度保持模式。这个过程应用了数据链驻留应用、飞行管理软件、IMA 端显示管理软件、OMS 驾驶舱显示软件、简图页软件和 IMA 核心软件。

8. 下滑道模式

飞行员按下垂直进近模式选择器按钮，通过 IMA 输出给伺服系统，下滑道模式进入预位状态。这个过程应用了数据链驻留应用、飞行管理软件、OMS 驾驶舱显示软件和 IMA 核心软件。

9. 垂直进近模式

飞行员按下垂直进近模式按钮后，通过 IMA 输出给伺服系统，飞机自动进场模式进入预位状态，航向道与下滑道分别拦截及启动。这个过程应用了数据链驻留应用、飞行管理软件、OMS 驾驶舱显示软件、IMA 端显示管理软件和 IMA 核心软件。

10. 导航模式

飞行员按下航向选择或航向保持模式按钮后，飞机航向保持控制面板中设定的航路。这个过程应用了数据链驻留应用、飞行管理软件、OMS 驾驶舱显示软件和 IMA 核心软件。

11. 航向选择模式

飞行员在航向编辑框中输入目标航向值后，点击航向选择按钮，飞机进入航向选择模式。起飞复飞后可使飞机自动进入该模式。这个过程应用了数据链驻留应用、飞行管理软件、OMS 驾驶舱显示软件、IMA 端显示管理软件、简图页软件和 IMA 核心软件。

12. 航向保持模式

飞行员点击航向保持按钮，飞机进入航向保持模式。这个过程应用了数据链驻留应用、飞行管理软件、OMS 驾驶舱显示软件、IMA 端显示管理软件和 IMA 核心软件。

13. 航向道模式

飞行员按下控制面板上的航向道模式按钮，通过 IMA 输出给伺服系统，进入预位模式，拦截到航向道模式后才跳入启动模式。这个过程应用了数据链驻留应用、飞行管理软件、OMS 驾驶舱显示软件、IMA 端显示管理软件、简图页软件和 IMA 核心软件。

14. 水平进近模式

飞行员点击航向道模式选择器按钮，通过 IMA 输出给伺服系统，飞行员可以选择一个航向道水平进近模式使飞机着陆。这个过程应用了数据链驻留应用、飞行管理软件、OMS 驾驶舱显示软件、IMA 端显示管理软件、简图页软件和 IMA 核心软件。

15. 速度模式

飞行员在控制面板设定速度，通过 IMA 输出给伺服系统，自动油门系统按照设定的速度控制油门大小。这个过程应用了数据链驻留应用、飞行管理软件、OMS 驾驶舱显示软件、IMA 端显示管理软件、简图页软件和 IMA 核心软件。

图 6-1 为飞行系统控制功能模块在 Enterprise Architect 建模软件中的 SysML 用例图。用例图将之前的操作步骤进行了合并。图 6-1 显示了飞行员进行飞行操作所调用的航电系统功能模块，通过调用这些模块，可以达成相应的操作。

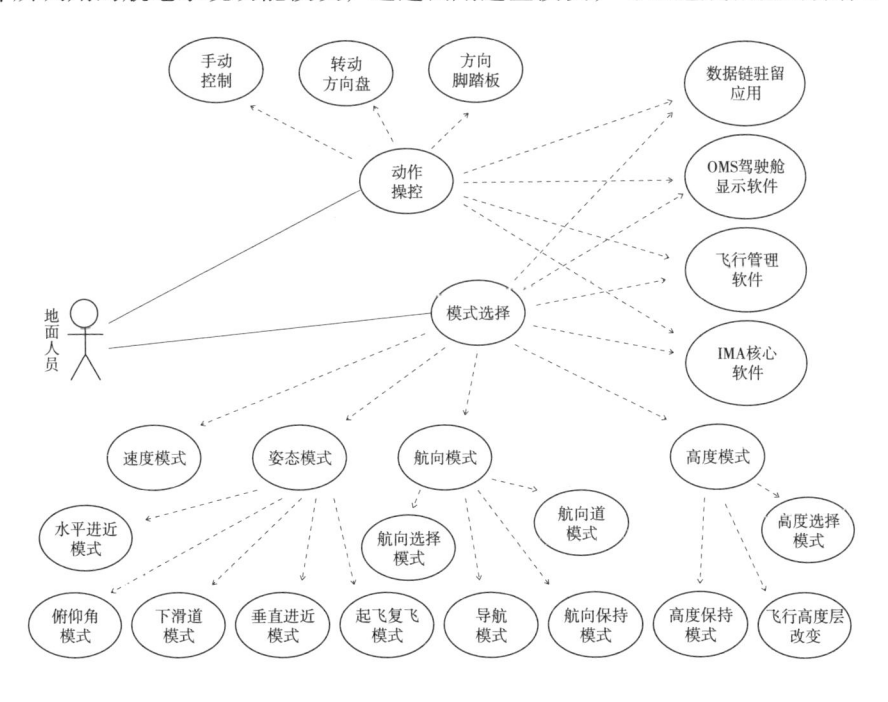

图 6-1　飞行控制系统用例图

6.2.2 与 IMA 交互的导航监视及其相关操作

导航监视的主要任务是根据传感器提供的原始数据以及当前飞机状态和航行参数，进行综合信息处理和最优化计算，引导飞机沿着既定航线飞行，并提供周边态势感知和预测未来运行参数，保证飞机在各种条件，特别是夜间和复杂气象条件下准确、安全地完成飞行任务。在使用该功能时，传感器体系的所有数据均经过有效性、完整性检验，经过处理后反馈给飞行控制系统（flight control system, FCS），同时送至导航显示器，供飞行员进行决策管理，飞行员可以通过操作台上的按钮、旋钮等外部接口对飞机进行操作，这些信息经过交换机、总线传输到 IMA 中，经过数据处理输出。这些信息会通过显示器或语音信号等形式反馈出来，进而实现飞行员对飞机的操作控制[29-30]。

1.FMS 的控制和显示单元

在导航过程中，最主要的人机接口是飞行管理系统（flight management system, FMS）的控制和显示单元，它在飞行员输入相关数据后能够显示关键导航信息。与导航显示器显示的图像信息不同的是，控制显示单元（control display unit, CDU）有一个小屏幕，上面显示字母 / 数字信息。触摸式键盘上既有字母 / 数字键以便手动输入导航数据（也可以将导航计划的最后修改数据输入进去），也有各种功能键以供飞行员选择特定的导航模式。

显示器侧面有软键，飞行员根据所需功能按下相应软键，进入由菜单驱动的子显示器系统以获得更详细的信息。在许多飞机上，CDU 用于描绘维修状态，并通过采用软键和菜单驱动特征来执行测试程序。此过程涉及的驻留软件有数据链驻留应用、飞行管理软件、机场地面地图软件和 OMS 驾驶舱显示软件。

2. 偏航、滚转和俯仰的控制

运动分析结果中的偏航、俯仰和滚转角度即旋转坐标系相对于整体坐标系绕 z、$-y$ 和 x 轴顺序旋转的角度。在飞行过程中，飞行员如果发现飞机航向产生偏差，则可以通过飞行控制面板（flight control panel，FCP）控制器对它们进行修正。此过程涉及的驻留软件有飞行管理软件、IMA 端显示管理软件、数据链驻留应用和参数获取软件。

3. 查看俯仰、翻滚和偏航姿态以及路径详细数据

飞机的航线显示器上显示有飞机的俯仰、翻滚和偏航姿态及路径信息，显示器的周围排布有软键，飞行员若需要了解更详细的飞行信息，只需要按下对应位置的软键即可。此过程涉及的驻留软件有数据链驻留应用、图像控制软件、参数获取软件和 IMA 核心软件。

4. 开启自动驾驶

在打开自动驾驶仪之前，飞行员应检查航向、高度、导航等参数设置是否合理。在检查完毕后，按下自动驾驶仪（autopilot，AP）按钮打开自动驾驶仪总开关。此时事先设定的高度、俯仰角等参数开始起作用，并会自动调节保持机翼水平以及保持当前的俯仰角度。此过程涉及的驻留软件有飞行管理软件、机场地面地图软件、参数获取软件和 IMA 核心软件。

5. 设置航向

航向钮位于航向指示器上或位于水平姿态显示器上，可以使飞机向着设定的方向转向，并保持设定方向飞行。此过程涉及的驻留软件有飞行管理软件、参数获取软件、IMA 核心软件、数据链驻留应用。

6. 航向模式选择

航向模式选择按钮可以打开自动驾驶仪的航向模式，使飞机转向到指定的方向，并且围绕这一方向飞行。飞行员在此过程中只需要依据当前的飞行状态通过航向模式按钮选择合适的航向模式即可。此过程涉及的驻留软件有飞行管理软件、机场地面地图软件、参数获取软件。

7. 高度保持

当飞行员想让飞机上升或下降到某一高度时，首先需要在垂直模式选择器上设定垂直速度，然后按下高度保持模式选择器按钮，选择自动驾驶，这样飞机会按垂直速度选择器上设定的垂直速度上升或下降到指定高度。此过程涉及的驻留软件有飞行管理软件、参数获取软件、IMA 核心软件、图像控制软件。

8. 导航模式选择

驾驶台上设有导航模式选择按钮，飞行员可以通过它来打开自动驾驶仪的导航模式，自动跟踪甚高频全向信标系统（very high frequency omnidirectional range, VOR）航路、全球定位系统（global positioning system, GPS）航路或导航定位信标。当飞行员在选择 NAV（navigation）、GPS 时，若选择 NAV，飞机会按照无线电装置上 NAV1 和 VOR1 的设定频率自动捕获和跟踪 VOR 航路或定位信标；当飞行员选择 GPS 时，飞机会自动捕获和跟踪路径点。此过程涉及的驻留软件有平视显示导引软件、飞行管理软件、参数获取软件、IMA 核心软件。

9. 打开或关闭导航模式

打开或关闭导航模式只需点击 NAV 按钮即可。此过程涉及的驻留软件有数据链驻留应用、IMA 核心软件。

10. 消除偏航

飞行员通过按下偏阻尼开关来打开偏航阻尼器，它可以消除有害的偏航和保持等量扭转。此过程涉及的驻留软件有飞行管理软件、参数获取软件、数据链驻留应用。

图 6-2 为该功能在 Enterprise Architect 建模软件中的 SysML 用例图，用例图将上述所有操作均包含于其中。由于每个用例都用到了核心功能，而且为了使图例显示得更加清晰美观，故将所有对核心功能的包含关系箭头删去。

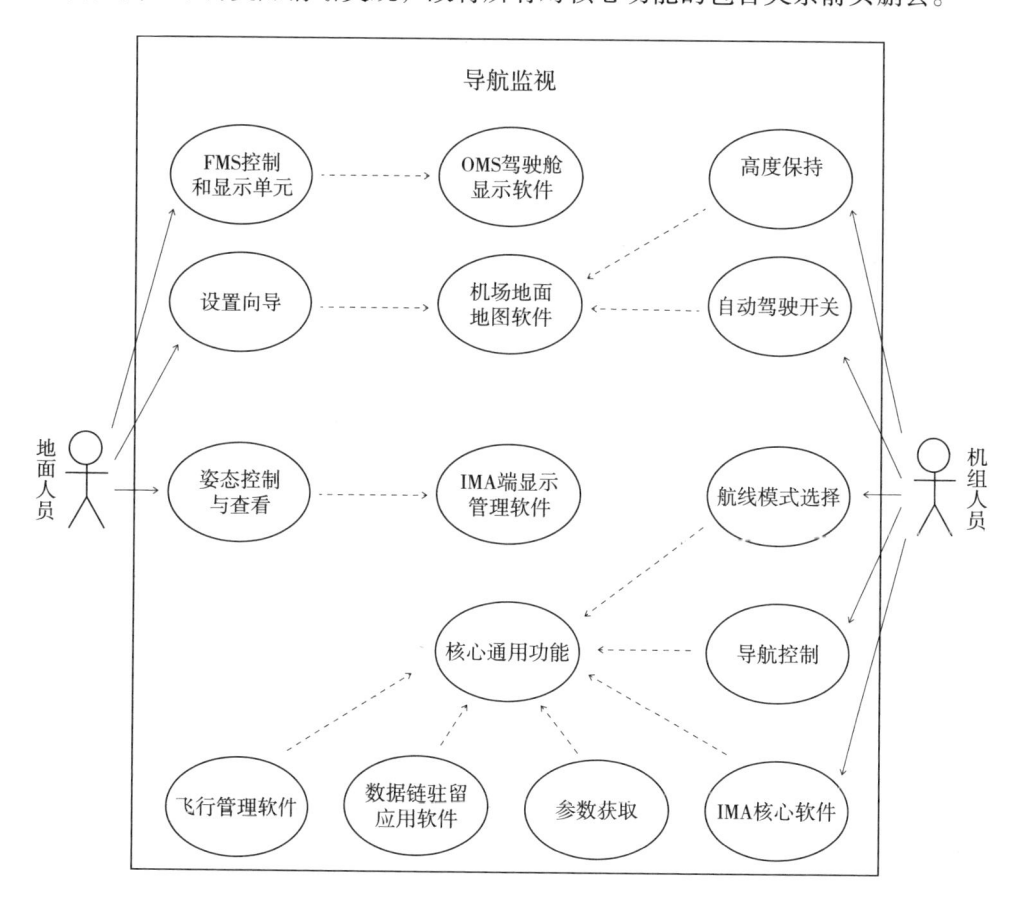

图 6-2 导航监视系统用例图

从图 6-2 中可以看出，机组人员只对导航监视系统的"最外层"的接口进行操作，而这些接口会调用 IMA 驻留软件的核心功能，如 OMS 驾驶舱显示软件、机场地面地图软件等。这些功能如同用例图显示的那样，是各个功能模块必不可少的部分，如果缺少了某一项功能，相应的对外接口则不能正常工作。

6.2.3 与 IMA 交互的通信功能及其操作

1. 磁带播放功能

IMA 平台能够播放内存空间的通告和音乐，紧急情况下能够自动播放。机组人员可以通过数码键盘进行操作，播放的音频预先存储在 IMA 的大容量存储器模块中。此过程用到了数据链驻留应用软件[31]。

2. 飞行内话功能

飞机机组人员之间交流、飞行机组与地面机组人员通话（飞机在地面时）、机务维护人员之间通话以及音频信号同时送至话音记录器，飞行员可通过音频选择盒选择不同的接收方。IMA 接收不同人员的模拟语音信号，通过计算元件将其转换为数字信号，再利用网络元件（交换机）将信息传递给不同的接收方并重新复原成模拟信号输出。

3. 勤务内话系统

勤务内话系统是指在飞机上各个服务站位，包括驾驶舱、客舱、乘务员、地面服务维修人员站位上安装的话筒或插孔组成的通话系统，机组人员之间、机组与地面服务人员之间可以利用它进行联络。勤务内话系统内有三个手持话筒：飞行员前操作台下、前乘务员控制台、后乘务员控制台，如地面维护服务站位一般安装在前起落架上方，地面人员将话筒接头插入插孔就可以进行通话。此过程与飞行内话功能类似，IMA 同样接收不同人员的模拟语音信号，通过计算元件将其转换为数字信号，再利用网络元件（交换机）将信息传递给不同的接收方并重新复原成模拟信号输出[32-34]。

4. 座舱话音记录器

座舱话音记录器用于记录飞机着陆前 30 min 内的机组耳机内和在驾驶舱内的声音（固态记录器记录 120 min）。记录器共有 4 个录音通道，1 号记录观察员，2 号记录副飞行员的声音，3 号记录机长的声音，4 号记录驾驶舱内的声音。

该记录器向外界提供两个接口：一是"ERASE"，功能为按下该按钮 2 s 后释放，能够删除当前记录的话音；二是"TEST"，功能为按下该按钮对 CVR 四个记录声道进行测试。在这个过程中用到了数据链驻留应用、参数获取软件和大容量存储器模块。

5. 选择呼叫功能

选择呼叫功能是指地面塔台通过高频或甚高频通信系统对指定飞机或一组飞机进行联系。如果地面控制器希望按照所选择的频率与飞机建立通信，就可以选择一个与飞机相关的专门代码，并以机组能监听的频率与飞机建立通信。IMA 核心处理机从总线中获取由地面塔台发来的专用四字代码，利用 IMA 计算单元对该代码进行解码，如果呼叫的代码与飞机自身的代码相符，则 IMA 利用数据 I/O 让选择呼叫系统（SELCAL）以灯光和音响通知机组有人呼叫，从而进行联络。

6. 数字频率合成器

甚高频通信过程要求振荡源信号频率准确度高、频率稳定度高以及方便改换频率。数字频率合成器在合成新的频率的过程中，需要利用 IMA 数据处理单元，其能够将一个高稳定度、高精度的频率经过加、减、乘、除产生同样高稳定度、高精度的频率。

7. 控制数据传输功能

控制数据传输功能是信息共享的基础，也是控制信息流有序运动的主要控制机制。控制数据传输模块能够根据任务模式，控制数据加载、信息交互、信息（包括音频和视频信号）记录等，主要解决"什么时间、谁发送、谁接收、传输什么数据"等问题。实现该功能，需利用 IMA 数据处理单元和网络接口单元。

8. 系统任务切换操作

飞行员决定当前任务，通过操作使 IMA 转换到期望的任务状态。这些操作涉及全系统各个组成部分的工作状态切换，由操作输入与处理功能模块确认飞行员操作后，形成操作指令输出给任务管理层，由任务管理层具体实施全系统工作状态的转换控制，调度全系统达到飞行员期望的状态。在此过程中运用了 IMA 模块支持单元的系统配置和重构功能，实现了进程、线程等软件的配置和重构。

9. 显示内容修改操作

飞行员调阅菜单，根据菜单提示进行操作；针对某一显示画面，进行显示参数的删减，即显示防拥；对多功能显示器的显示内容及画面进行切换。这些操作均通过操作输入与处理功能模块确认后形成操作指令，直接输出给显示处理与控制模块，后者响应飞行员的操作，执行显示内容的修改。

图 6-3 为通信功能在 Enterprise Architect 建模软件中的 SysML 用例图。图中囊括了本小节所有的操作，为了使其更加便于查看，加入了两个飞行机组人员，但实际上两个人员是同一个人，并无本质上的区别。

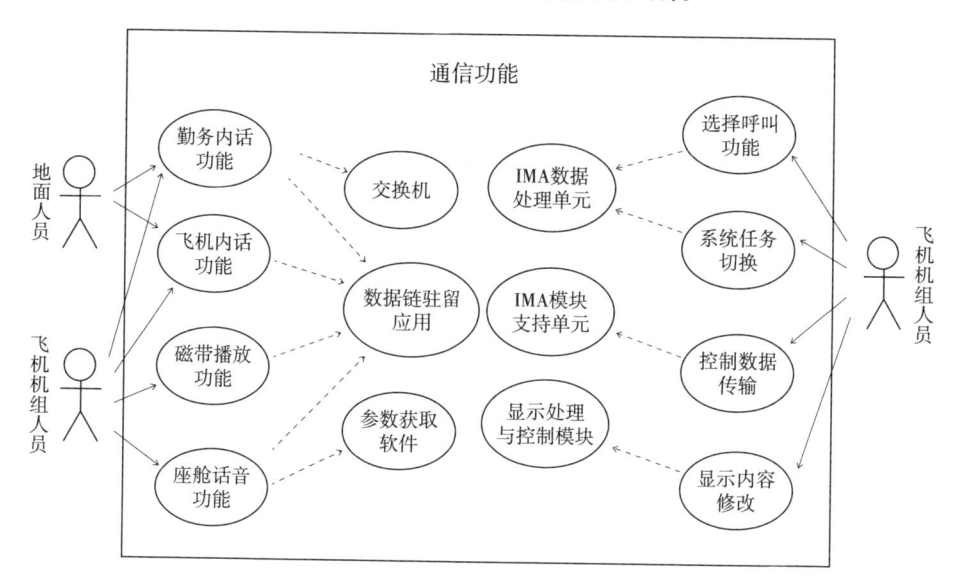

图 6-3　通信系统用例图

从图 6-3 中可以清晰地看出，IMA 驻留应用主要向外界提供六大核心功能，这六种功能相互独立，但通过彼此之间的配合来实现对外的接口，能够让地面人员、飞机机组人员感觉不到内部应用运行细节而直接操纵或者协助飞机完成任务。

6.2.4　与 IMA 交互的飞机系统控制及其相关操作

飞机系统包括机舱环境系统、电气系统、液压系统、燃油系统、起落架系统等，这些系统可以改善乘客和飞行机组所需的安全性和舒适性环境，提高可靠性和可维护性。

飞机系统控制器由状态监视传感器网络、系统控制设备、数据总线、供电线路等组成，采用双余度以上的备份级别，其本身首先必须具有良好的安全性、可靠性和可维护性。飞行员应能够随时轻易获取飞机系统的所有运行信息，通过触摸屏界面或按键手动完成系统程序设定，实现一体化管理。当飞机系统出现参数异常、系统故障或设备损坏时，管理系统自动向飞行员发送有关报告，并提示飞行员进行手动方式或直接自动进行重新配置和降级处理[35-38]。飞机系统控制器系统框图如图 6-4 所示。

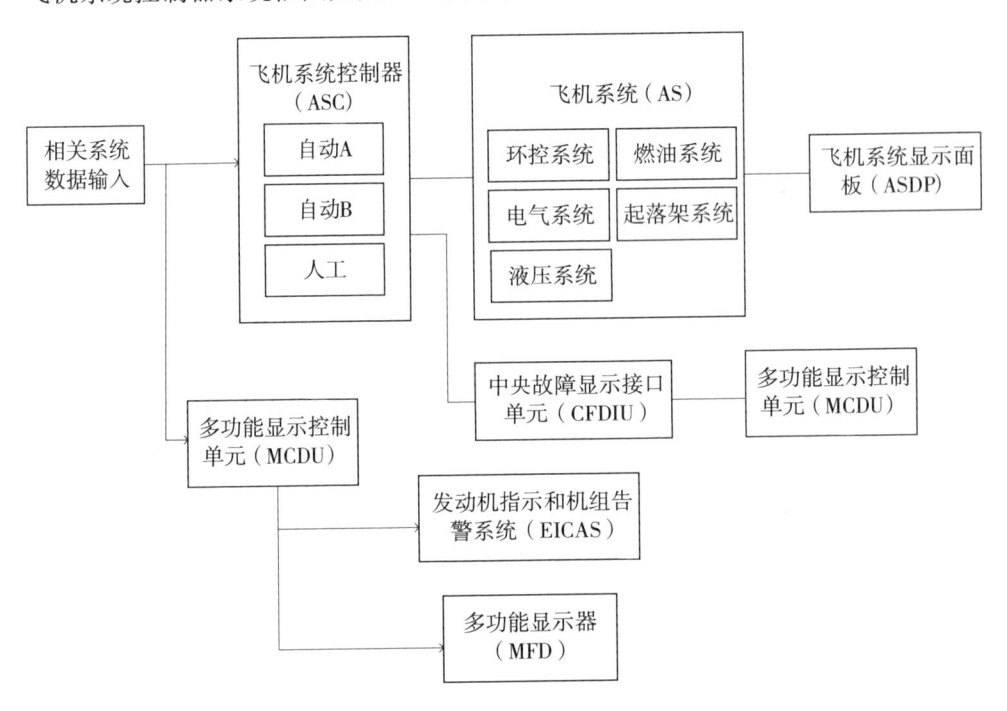

图 6-4 飞机系统控制器系统框图

飞机系统与控制器进行双向数据交换，并将有关信息显示在飞机系统显示面板（aircraft situation display panel, ASDP）上。控制器承担各种运算工作，并将数据发送至电子显示单元。正常运行时，飞机系统的运行信息通过电子显示单元以概况形式显示在发动机指示和机组告警系统（engine indication and crew alerting system, EICAS）和多功能显示器（multifunction display, MFD）上，同时头顶面板相关区域内的信号器处于熄灭状态，以此表示系统配置和运行正常；当系统出现故障时，EICAS 和 MFD 将发出语音和视觉提示或告警，帮助飞行员快速评估系统故障及其可能产生的后果，处理系统故障。

1. 机舱环境系统及其相关操作

机舱环境系统是保障飞机乘员和旅客安全舒适、为机上电子设备提供正常工作环境的关键系统。机舱环境系统主要由气源系统、空调制冷循环机构、空气分配系统以及座舱压力调节系统组成，这些系统的运行可以实现座舱供气和空气分配、座舱压力控制、温度以及湿度的控制，进而保证飞机的舒适性。此外，机舱环境系统还包括除冰系统以及惰化系统等，其在飞机飞行过程中可及时除去翼面结冰，向油箱不断充入惰性气体降低含氧量，进而提高飞机飞行的安全性。机舱环境系统管理如图 6-5 所示。

（1）在控制器与机舱环境系统的互联结构中，控制器应确保飞机系统的当前运行指标符合人体生命特征和机载设备所需的温度、湿度、气压、防火、通风等环境要求，及时报告系统故障，留出必要的人工操作接口，并在确保安全性和舒适性的基础上合理自动调节系统运行功率，实现性能最优化和成本最低化两者的动态平衡。

（2）在气源系统面板中，空气调节开关负责调节和均衡不同区域的温度；设备降温选择器可以根据 IMA 提示信息，选择加热货舱区或者将热空气排出机外；隔离开关可以隔离或者接入相应的气源系统；发动机引气开关，在发动机运行时，发动机会自动向气源系统提供引气，发动机关闭时则会自动关闭；循环风扇开关、后货仓加热开关、大流量开关、空调组件控制选择器、辅助动力装置（auxiliary power unit, APU）引气开关等，都可由飞行员根据实际要求，进行开关或者模式选择。例如，在突发结冰时，飞行员需要密切监控外界气温，通过IMA指示的温度信息，通过对空调系统的指令对飞机温度进行调节，预防结冰。例如，飞行员根据指示调节座舱压力调节器；根据温度传感器采集的信息，可以自动或者人工调节冷却或者加温系统，选择舒适模式；根据座舱实时压力，自动或人工调节压力调节器以及显示座舱高度、余压和座舱高度变化率的仪表和座舱高度警告装置；根据座舱湿度显示信息，开启除湿装置，以保证供给座舱和设备舱的空气不含有游离水分。对于这部分功能，飞行员只需要对照人体所需要求，进行调控即可。而且这些都有相应开关或者模块以供选择，极其简单、智能。此过程用到了数据链驻留应用、参数获取软件、图像控制软件和水废水系统控制软件。

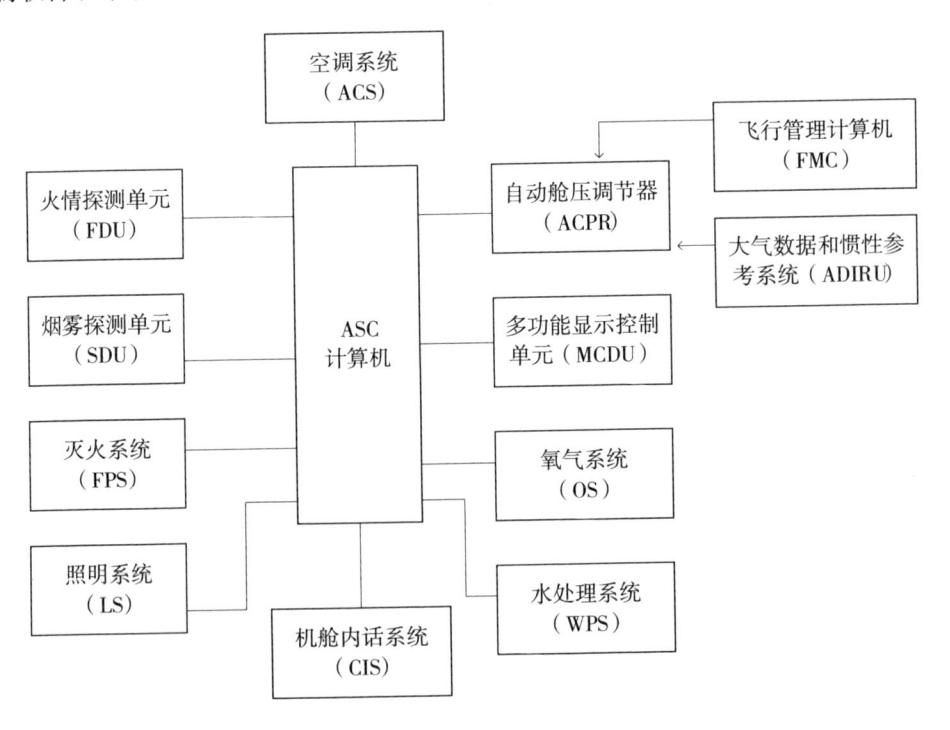

图6-5 机舱环境系统管理框图

2. 电气系统及其相关操作

飞机电气系统，是指飞机供电系统和用电设备的总称，由供电、配电、用电三个子系统组成。

在电力系统中，各单元指示的仪表显示与飞机正常飞行要求的电力系统应一致，飞行员需要针对以上介绍的各单元指示进行调节。

（1）在电源面板中，飞行员可以旋转备用电源选择开关，选择备用线路不供电（OFF）、备用线路由任何可用的电源供电（AUTO）或者备用线路由蓄电池供电（BAT）。备用电源选择开关主要可控制外部电源开关、蓄电池开关、总连接开关、公用电力开关、APU 选择开关、APU 电源开关、发电机开关等调节系统开关。辅助动力装置（APU）和电力系统等的运转情况及状态等会由 IMA 处理之后，在多功能显示器首页（MFD STAT）上显示。此过程用到了数据链驻留应用、参数获取软件和图像控制软件。

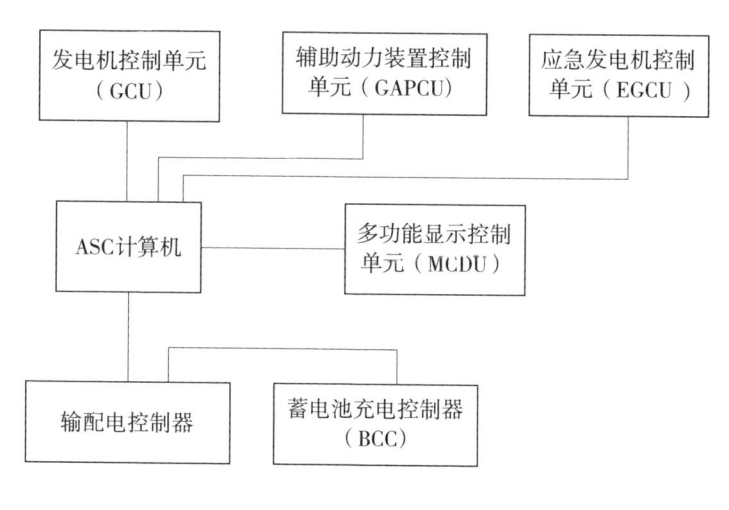

图 6-6 电气系统管理框图

（2）灯光照明系统可以提供普通照明和信号指示灯。机舱人员只需开启灯光开关，就可打开相应的灯光，如机内灯光、机外灯光、紧急照明等。而在紧急情况或者其他情况下，飞行员必须关注信号指示灯。仪表板上的系统警告灯、警戒灯和不同颜色（通常为蓝色、绿色和白色）的位置或状态指示灯以及遮光板上的红色主警告灯和黄色警戒灯等在驾驶舱顶板/中央仪表板上，有测试和控制所有信号指示灯明暗状态的电门"暗（DIM）""亮（BRT）"和"测试（TEST）"三个位置。应急照明必须满足以下要求：①电源独立；②具有规定的亮度、照度、颜色和照明时间；③主电源失效或接通应急电门时，应急灯亮；④应急电门应装在有关人员易接近处，并有防止偶然动作的措施。在此过程中用到了数据链驻留应用、参数获取软件、图像控制软件和机组告警系统软件。

（3）防撞灯和频闪灯（闪光灯）。红色灯安装在机身的上部和下部，白色灯安装在机翼的翼尖前缘和机尾等处。闪光的方法有电机旋转式、气体脉冲放电式和晶体管开关式等几种。应当注意的是，不管是白天还是夜间，在移动飞机或试机之前，飞行员都应先打开红色防撞灯，以引起周围其他飞机、车辆和人员等的注意。在此过程中用到了数据链驻留应用、参数获取软件。

（4）在信号灯指示发动机未工作或部分主电源发生故障时，飞行员必须打开应急电源，其是主电源故障后向飞机飞行必须的用电设备供电的电源。飞机在供电正常情况下：完全的技术性能，保证安全。非正常情况下：对性能不作要求，应安全。应急情况下：飞行任务设备应提供规定的技术性能和安全保证。供电恢复后应恢复全部特性。飞机供电系统的三种工作状态：正常、非正常、应急主电源应急程序。相应的会有指示灯指示，飞行员只需打开相应按钮即可。此过程用到数据链驻留应用、参数获取软件。

3. 液压系统及其相关操作

飞机液压系统是指飞机上以油液为工作介质，靠油压驱动执行机构完成特

第6章 基于IMA驻留软件的人员操作

定操纵动作的整套装置。

为了保证供压的安全可靠，现代飞机上一般都有几个独立的液压源系统。液压系统具体由主液压系统、辅助液压系统、地面勤务系统及液压指示系统组成。

液压系统管理框图如图6-7所示。

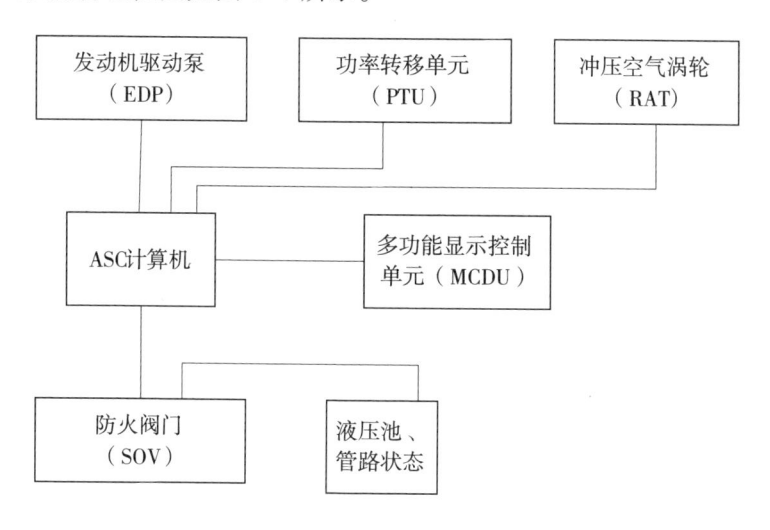

图6-7 液压系统管理框图

在控制器与液压系统的互联结构中，控制器实时监视液压源及其管路健康状态，如有无漏油现象、当前液压值和油温是否正常等，监视其与飞行控制计算机、作动筒、液压马达等设备的连接状态。当出现故障或紧急情况时，灵活采用安全性优先降级处理和备份切换，并向飞行员发送飞控系统配置的变更信息，飞行员针对各种信息与预定指标进行对比，通过按钮和指令调节各系统参数。

（1）液压泵通常由发动机驱动，而用压系统是间歇工作的，因此为了对泵的输出最高压力加以限制并希望液压泵在用压系统不工作时消耗的功率尽量少，当系统的压力升高到某个调定压力值（高于正常值的10%～20%）时，在压力指示系统提示下,飞行员需要打开安全阀(溢流阀),将多余的液流排回油箱,限制系统压力继续上升,此时系统压力最高,液压泵输出功率最大。在此过程中用到了数据链驻留应用、参数获取软件。

一般情况下,正常液压温度为 0～70 ℃,飞机液压系统控制最高温度不超过 120 ℃。液压温度过高,会使油液黏度变小,系统损失增大,效率降低;会使油液变质,形成胶状沉淀,造成系统堵塞,摩擦增大;会使密封圈橡胶变质、损坏,密封失效;会使零件间的配合间隙发生变化,导致额外的摩擦或泄漏。这时在超温警告系统的提示下,指示灯会亮起。飞行员必须首先使泵停转,并对壳体回油滤和压力油滤进行检查,如有必要,需更换滤芯,冲洗管路并更换油泵。飞行员必须开启散热器按钮,散热器安装在燃油箱的最底部,利用燃油为冷却介质。这样,液压油的回油经过散热器散热再流入油箱,为保证散热,燃油箱内要保证一定量的燃油。这时也要注意进出口油箱的密封问题。此过程用到了数据链驻留应用、参数获取软件。

(2)当液压油箱油量不足时,油量指示系统指示灯亮,这时就需要油箱灌冲,可以选择人工手摇泵,也可以使用压力灌冲。需要注意的是,不能向压力加油接头提供压力超过 0.517 MPa 的液压油,否则可能导致液压系统损坏;注意油液清洁,避免污物损伤;如果地面的环境温度是 -6 ℃ 或比目的地温度低且液面低于加油位,则给该油箱加油到刚刚高于加油位,以防止到下一个温暖的地方时油液超量;注意液压系统的清洁以及防止空气进入液压系统;注意检查液压油油量。加油时,为得到正确的结果,飞机应该处于以下条件:飞行操纵——中立位;前缘襟翼和缝翼——收上;后缘襟翼——收上;扰流板——放下;起落架——放下;反推装置——关闭;液压系统——关断;刹车储压器压力为 19.305 MPa 或更高。此过程用到了数据链驻留应用、参数获取软件。

(3)在发动机指示系统下,当 A 系统用户都不工作时,斜盘处于接近 0°的状态,此时泵的流量很小,但压力保持在 20.684 MPa,这种状态称作自动卸荷。这需要人工操作，飞行员需要操控"ENG1"电门，这时"ENG1"电门处于"OFF"位，卸荷线圈通电，卸荷活门打开，阻滞活门两端压力相等，在弹簧力作用下关闭，发动机驱动泵（engine driven pump, EDP）不向外供压。同时，油液到达补偿活门上端，由于面积大，所以克服下部弹簧力，使补偿活门全开，斜盘处于角度最小状态。此时，输出流量为0、压力为0。此过程用到了数据链驻留应用、参数获取软件。

4. 燃油系统及其相关操作

飞机燃油系统又称外部燃油系统或低压燃油系统。与其对应的是发动机燃油系统，又称为内部燃油系统或高压燃油系统。飞机燃油系统的功能是储存燃油，并保证在规定的任何状态（如各种飞行高度、飞行姿态）下均能按发动机所要求的压力和流量向发动机持续不间断地供油，此外，燃油系统还可以完成冷却机上其他系统、平衡飞机、保持飞机重心于规定的范围内等附加功能。

燃油系统管理框图如图6-8所示。

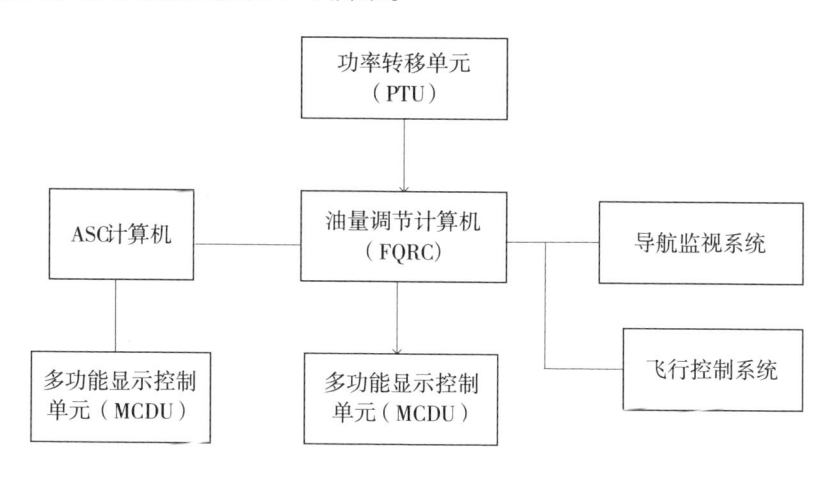

图 6-8 燃油系统管理框图

在控制器与燃油系统的互联结构中，通过合理设计燃油储备量、流量、油温、油料泄漏、火光烟雾的探测传感器体系,并实时与 ASC 计算机和告警系统进行交互,确认当前状态是否与预期相符,为飞行员提供系统所有的油泵、阀门、管路信息,及时指示异常情况;系统使燃油按照一定顺序消耗,尽可能降低最大局部结构载荷,并通过人工或自动交叉馈油方式保持机体左右平衡和重心始终位于气动中心前面一定距离;当出现发动机/辅助动力装置失效、停车或起火时,使防火阀门自动切断相应供油管路,重新计算和分配各油箱的燃油储备量,配合飞行控制系统完成飞机重新配平和系统降级配置。

燃油控制开关打开时,可以使燃油流动。当启动开关被拔出时,预位的发动机自动启动激活。当发动机在运转时,便可关闭燃油阀门。燃油系统包含机翼油箱、中央油箱和水平尾翼油箱。在燃油面板中,主油箱泵开关可以操控发动机、油箱组与系统其余部分相连。超控油泵开关、水平尾翼油箱泵开关和交叉供油阀门开关可以在系统逻辑下达指令时,开始工作。当油箱空或者油泵关闭时,开关将断开。油箱泵在下达指令时工作,并且在油箱空时,有灯亮警告。

(1)飞机供油,在正常状态下,采用人工操纵或自动控制的办法,按设计好的用油顺序,先用某个油箱的一部分燃油或全部,而后再用另一个油箱的一部分燃油或全部燃油。一般设置,飞机供油在飞机起飞前设置有顺序,先消耗机身中央油箱内的油液,然后再用两翼油箱内的油液。因为中央油箱靠近飞机重心,对飞机重心变化影响不大,同时充分利用油箱内油液对机翼的卸载作用,可减轻飞行中机翼结构的弯曲载荷。或者飞行员自己可以调节交输供油系统,按照油箱传感装置指示的仪表盘信息,调节飞机平稳度。当需要关断燃油活门时,飞行员需要通过启动手柄控制其打开、关闭。灭火手柄提起时能关闭活门。此过程用到数据链驻留应用、IMA 端显示管理软件、参数获取软件和图像控制软件。

(2)当飞机主油箱出现不平衡现象时,飞行员应按下面的要点进行油量平衡的调节：打开交输活门，关闭油量较少的油箱内的燃油增压泵，此时，两台发动机均由燃油较多的油箱内的燃油增压泵供油，观察油箱油量指示，当两侧油箱油量恢复平衡时，启动关闭的油泵。当油泵的低压指示消失后，将交输活门关闭，完成了油量不平衡的调制操作。燃油交换活门装在右机翼的后梁上，飞行员可从右主轮舱接近，打开时，左右供油总管连通，实现交输供油控制，由燃油控制面板上的控制旋钮控制。此过程用到数据链驻留应用，IMA端显示管理软件、参数获取软件和图像控制软件。

（3）当飞机的最大起飞重量超过最大着陆重量5%时，需要应急放油系统。作用：为了在紧急情况下，迅速排放燃油，使飞机的重量达到最大允许着陆重量，防止在紧急迫降时损坏飞机结构，造成危险。这时就需要放油系统工作时不能有起火的危险；排放出的燃油不能接触飞机；放油活门必须允许飞行人员在放油操作过程中任何阶段都能使其关闭。此过程用到数据链驻留应用，参数获取软件。

（4）在油箱温度较低，即将有冰晶形成时，飞行员需要打开燃油加温器给燃油加温。加温器由热源和热交换器组成。热源可以是发动机压气机的引气或发动机的滑油。一般滑油热交换器是自动控制的，而引气热交换器有的是自动的，有的是人工控制的。在人工控制时，需要根据温度仪表指示，打开热源，维护检查时，可在温度传感器上施加一定温度，用一个标准温度计来测量此温度，并和指示器温度相比较，来确定温度指示系统是否正常工作即可。此过程用到数据链驻留应用，参数获取软件。

（5）将飞机外部存储的燃油加入飞机的各燃油箱，有自动加油和人工加油两种方式。加油压力一般不超过379.2 kPa。此时应当注意，加油时的安全预防。为消除静电，加油时，飞机和加油车电搭接，并接地。除了压力加油所需电源外，切断其余所有电源。充氧时，严禁给飞机加油。在加油时，如燃油溢出机外，应停止加油，用水冲洗掉溢出的燃油。当进行加油时，不能将地勤设备放置翼端之下，因为翼型弯曲向下，翼端最严重。维护油箱的安全预防有保持通风，或戴许可的呼吸器；在油箱内工作，只应穿棉质罩衣，罩衣上的拉链或纽扣应不产生静电。此过程用到数据链驻留应用，参数获取软件和机组告警系统软件。

5. 起落架系统及其相关操作

起落架是飞机起飞、着陆、滑跑、地面移动和停放所必须的支撑系统，是飞机的重要部件之一，其工作性能的好坏及可靠性直接影响飞机的使用和安全。为适应飞机在起飞、着陆滑跑和地面滑行的过程中支撑飞机重力，同时吸收飞机在滑行和着陆时的震动和冲击载荷，并且承受相应的载荷，起落架的最下端装有带充气轮胎的机轮。为了缩短着陆滑跑距离，机轮上装有刹车或自动刹车装置。此外还包括承力支柱、减震器（常用承力支柱作为减震器外筒）、收放机构、前轮减摆器和转弯操纵机构等。承力支柱将机轮和减震器连接在机体上，并将着陆和滑行中的撞击载荷传递给机体。前轮减摆器用于消除高速滑行中前轮的摆振。前轮转弯操纵机构可以增加飞机地面转弯的灵活性。对于在雪地和冰上起落的飞机，起落架上的机轮用滑橇代替。

在控制器与起落架系统的互联结构中，控制器提供自动刹车和起落架完全放下后自动锁定功能，报告起落架和舱门当前状态，并对起落架转向进行极限值保护；提供实时的机轮胎压、刹车片温度和载荷监测，支持自适应控制技术；结合机场气象信息，优化起落架收放过程，降低起落架与气流摩擦带来的噪声，提高飞机的环保性和经济性；出现故障或紧急情况后，向飞行员发送有关报告，必要时自动切断电气液压作动器，改由人工操纵。飞行员必须按照人工操控的按钮和指令对各种故障情况进行调节。

起落架系统管理框架图如图 6-9 所示。

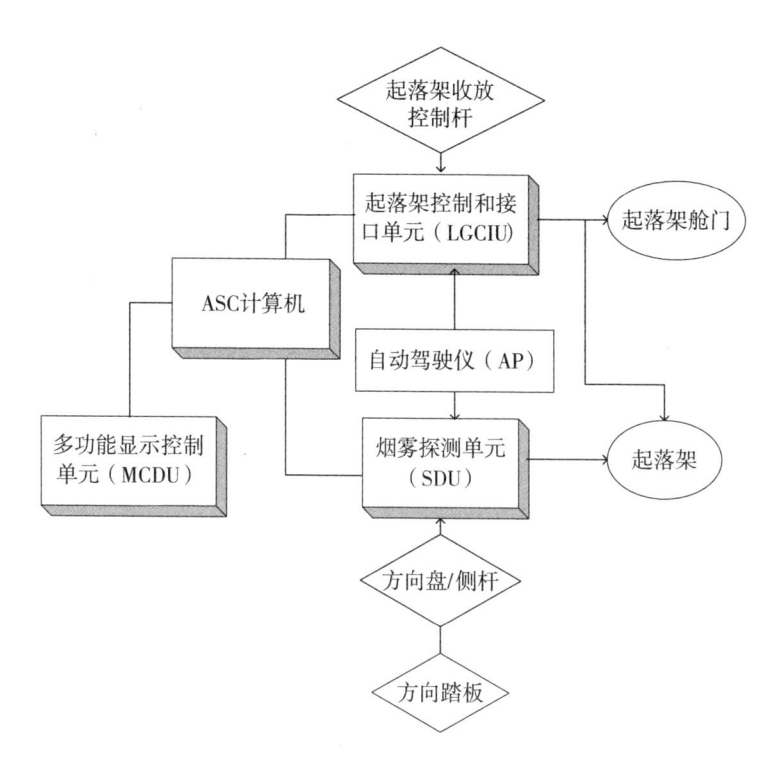

第6章 基于IMA驻留软件的人员操作

图 6-9 起落架系统管理框图

（1）在飞机着陆时放下起落架的工作过程是：开起落架舱门→开起落架收上锁→放起落架并锁好→关起落架舱门。飞行员需要把起落架手柄移动到"放下"位置。具体步骤是：飞行员将起落架开关置于放下位置，电磁阀右端电磁铁通电，将高压油接通到放下管路，高压油首先进入开锁作动筒的油杆腔，推动活塞向左运动，使起落架的锁钩打开，开锁后活塞将中间油路打开，高压油就通过开锁作动筒和液压锁进入前起落架收放作动筒的油杆腔，推动活塞放下前起落架。同时，开锁作动筒和起落架作动筒的油杆腔里的工作油液，经过电磁阀回到油箱。由于在起落架放下时，在液压力、重力和气动力的共同作用下，使其放下速度较快，作动筒活塞运动到终点时容易与外筒发生碰撞，因此在作动筒出口设置一个单向节流阀使油液流出作动筒时有较大的液阻，从而减小起落架放下速度和撞击力度。当飞机起飞后要收起起落架的工作过程是：飞行员将起落架收放开关置于收起位置，电磁阀左端电磁铁通电，高压油一方面进入开锁作动筒的油杆腔推动活塞使锁钩复位，同时进入作动筒的油杆腔使起落架收起，作动筒油杆腔回油依次经过液压锁（此时高压油把液压锁打开）、单向阀、电磁阀回到油箱。而起飞时需要收起起落架。飞行员需要把起落架手柄移动到"收起"位置。收起起落架的工作过程是：开起落架舱门→开起落架收下锁→收起起落架并锁好→关起落架舱门。起落架的收放会有灯光指示和机械指示。

（2）应急放下起落架的顺序：拉出手柄→输送到操纵钢索→扇形盘→操纵杆→曲柄→收上锁机构→打开收上锁→放下起落架（靠气动力和自重，完全由人工操纵时需较大的力）。应急放起落架系统是独立的，应急开锁的方式主要有人工、电动及液压、气压作动。应急放起落架系统的形式：机械开锁，重力或气动力放下，动力开锁（电动、液压、气压），动力放下。如果起落架收放系统失效，放下起落架系统必须保证放下起落架。驾驶舱一般都有应急放起落架操纵手柄或电门，操纵手柄时，即打开舱门锁及起落架收上锁，舱门和起落架靠自身重量和气动力自由下落。

（3）为了防止收放起落架的飞机在地面误收起降架，主要采取以下安全措施：①地面机械锁：其是采用一个销子插入两个或更多的起落架支撑结构的定位孔内，以阻止地面误收起落架。地面锁销上都有红色飘带，上标有"移动标志"。②起落架收放柄电磁锁：当飞机在地面时，空和地感应电门自动控制电磁锁处于锁定状态，控制手柄被锁定在放下位置；当飞机起飞离地后，缓冲支柱伸张，空和地感应控制电磁锁自动打开，这时可收上起落架，如果离地后不能自动打开手柄锁，通过人工控制机构打开电磁锁。③起落架收放手柄机械锁：空和地感应结构控制手柄机械锁机构来控制起落架在地面时是锁定起落架收放手柄，在空中释放。④控制收放电路：在地面时收放电路断开，只有在飞机离地，缓冲支柱伸张时才能接通控制电路。控制电路接通后才能操纵收上起落架。起落架操作过程用到数据链驻留应用、IMA端显示管理软件和参数获取软件和机组告警系统软件。

（4）飞行员操纵刹车时，利用油液或气体推动刹车盘上的刹车片，使它紧压在轮毂内的刹车套上，或者使刹车片与刹车片紧压在一起。由于摩擦面之间的摩擦作用增大了阻止机轮滚动的力矩，所以机轮在滚动中受到的地面摩擦力显著增大，飞机的滑跑速度随之减小，这时飞机沿水平方向运动的动能主要是通过刹车装置摩擦面的摩擦作用转变为热能而逐渐消散掉的。飞行员刹车越重，进入刹车盘的油液或高压气体的压力就越大，摩擦面也就压得越紧，阻止机轮滚动的力矩越大，因而作用在机轮上的地面摩擦力也越大。

正常刹车时，工作原理：飞行员踩下刹车脚蹬，系统压力经刹车调压器流向流量放大器，刹车压力与飞行员的脚蹬力成正比，流量经过放大后，供向刹车作动筒，加快刹车反应速度，使机轮内的刹车装置（刹车片相接触摩擦）产生刹车力矩，使飞机减速。飞行员松开刹车后，在复位弹簧的作用下松开刹车，油液经原路返回，经过刹车调压器回油箱。此过程用到数据链驻留应用、参数获取软件。

（5）备用（应急）刹车系统：在主刹车系统失效时，提供应急刹车。飞行员需要通过应急刹车转换阀将应急刹车能源（冷气、备用液压源）引到刹车作动筒，进行应急刹车。此过程用到数据链驻留应用、参数获取软件。

（6）现代飞机刹车系统均安装自动刹车系统，在飞机着陆前，飞行员通过自动刹车控制面板选择刹车压力，然后操纵飞机着陆，着陆过程中，自动刹车系统自动刹车，使飞机停住，不需要飞行员用脚操纵。此过程用到数据链驻留应用、参数获取软件。

刹车系统的维护为：检查系统渗漏时，应在系统工作压力下进行；在拧紧松动的接头时，必须将压力断开；检查刹车软管是否老化、开裂，是否腐蚀；防止空气进入刹车系统。刹车操作过程用到数据链驻留应用、IMA端显示管理软件、参数获取软件和机组告警系统软件。

图 6-10 为控制器功能模块在 Enterprise Architect（EA）建模软件中的 SysML 用例图。从用例图中可以看到，因为控制器模块并不属于传统的航电系统，并没有调用 IMA 核心软件等单元。但是通过使用这些系统，可以为飞机系统提供更为舒适的环境。

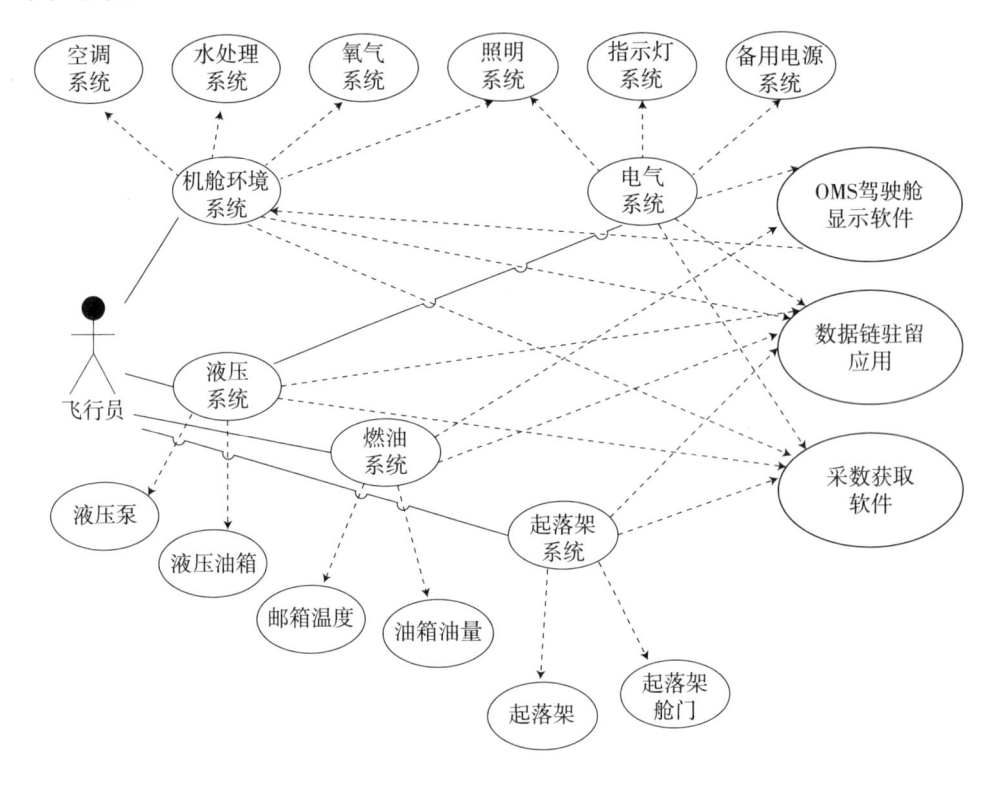

图 6-10　控制器系统用例图

虽然这些系统本身不属于航电系统，但是通过与 IMA 系统的互联可以改善乘客和飞行机组所需的安全性和舒适性环境，提高可靠性和可维护性。

第 7 章 IMA 核心处理系统

7.1 核心处理系统功能

在民用飞机中，IMA 核心处理系统用于集中处理航空电子系统的相关任务，为驻留其中的完成飞机功能的应用提供服务。IMA 核心处理系统是由一个或多个 IMA 机柜和与其他飞机子系统相连的数据传输网络及接口组成，确保每个应用都能共享平台中的计算、网络、I/O 等资源，这些资源的分配是预先确定好的并与相关元件连接。IMA 核心处理系统通过这些共享资源可以实现数据处理、数据传输和数据转换等功能[39]。

7.1.1 数据处理功能

IMA 核心处理系统的数据处理功能包括硬件和软件两方面的需求，向驻留功能软件提供所需的数据处理资源，用以支持飞机功能应用的执行。其中，用于实现数据处理功能的硬件包括一系列通用处理模块，这些模块可以进行高集成处理计算工作。数据处理功能通过驻留功能所需资源来实现，比如要有足够多的处理时间和内存。每一个数据处理资源是相互独立的，并且满足关键驻留功能的完整性标准，所以在实现驻留功能应用时无须考虑完整性方面的要求，而只需要考虑多个冗余备份的需求，从而满足可用性方面的要求。

7.1.2 数据传输功能

随着民用飞机性能的日益提高和飞行环境的日趋复杂，飞机对数据传输的实时性和可靠性要求越来越高。因为民用飞机上有许多子系统，这些子系统都需要高速、高可靠的信息传输，所以可靠的实时数据传输通道已经成为IMA核心处理系统的重要安全部件。根据ARINC664-p7标准为民用飞机的数据传输网络提供数据传输资源。数据传输网络可以将数据处理资源与飞机其他子系统连接起来，通过远程数据集中器（RDC）将数据传递给处理资源，从而实现数据传输功能。数据传输网络包括终端系统（ES）、数据交换机，并以星型拓扑结构将其连接成航空电子全双工交换以太网（AFDX）。IMA核心处理系统还为终端系统间的数据传输提供了完整性保护。数据在留有冗余通道的AFDX网络上进行传输，每条网络通道都能进行独立的端对端信息完整性检测（如数据完整性，序列号完整性等），这些功能都支持了驻留功能对数据完整性的要求。每个连接到AFDX网络上的设备都包括了一个终端系统，终端系统由AFDX网络接口提供。图7-1为终端系统完整性检查与冗余管理概念图[40]。

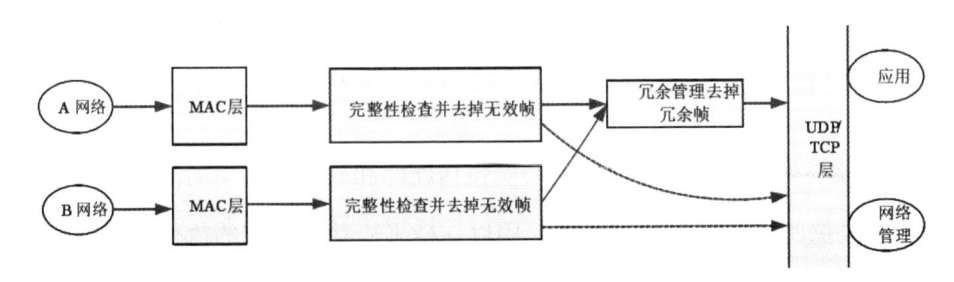

图7-1 终端系统完整性检查与冗余管理

7.1.3 数据转换功能

IMA 核心处理系统主要通过 RDC 来完成数据转换功能。RDC 可以安装在远离飞机主要处理资源但靠近子系统设备的地方，其首要职责是通过 AFDX 数据总线在一系列子系统传感器、效应器和主要处理资源之间提供数据接口。RDC 可以进行一些简单的数据处理，允许 RDC 中的数据在传输前进行各种数学与逻辑运算。飞机子系统的功能通过一些复杂的逻辑驻留在系统处理资源中，而 RDC 也能通过一些简单逻辑实现某些简单功能，同时也可将系统处理资源和 RDC 结合起来处理有关驻留功能。RDC 的数据转换功能是通过特定的算法来实现的。RDC 同时拥有一定的基本数据处理能力，这样可以满足 RDC 中数据的一些基本操作。RDC 具体可提供以下服务：模/数和数/模转换、网络格式化、范围检查、比例调整、设置偏移量、线性化、确定阈值，以及对每一种信号的特定滤波。例如对于飞机上的压力传感器、阀门、马达等模拟装置，RDC 提供模拟信号电平的转换，同时作为一个接口将对信号进行适当分组。通过配置文件，RDC 知道指定至特定接口的原始电量，以及所选定的其他服务。RDC 可升级、可更换部件，并且价格低廉。RDC 还结合了同类产品的一些特点，包括数据集中、信号接口、算法控制、能源显示等。

7.2 核心处理系统硬件组成

7.2.1 通用功能模块分类

综合化航空电子核心处理系统是一个综合数据处理、信号处理和图像处理的实时分布式计算机系统。从硬件角度来看，模块化综合航空电子系统的核心系统是由有限的模块类型组成的一系列标准模块。核心处理系统的硬件由几个机架组成，这些机架可以由电源供给提供单独电源，每一个机架包含了几个通用功能模块（common function module, CFM），在机架里的模块通过统一的数据网络通信。这些通用功能模块都是现场可替换的，并且提供计算能力、网络支持能力以及电源转换能力。核心处理计算机系统由六种硬件模块组成，它们分别是数据处理机模块（data processing module, DPM）、信号处理机模块（signal processing module, SPM）、图形图像处理机模块（graphics postprocessor module, GPM）、网络支持模块（network support module, NSM）、大容量存储器模块（monolithic memory module, MMM）和电源变换模块（powertrain control module, PCM），通过光纤通信网络和供电网络连接。

网络支持模块具有电路开关和包开关两种工作方式，以分别满足视频流数据和任务数据（小数据量、突发性、低时延）的需求。电路开关的控制信息从包开关得到。此外，网络支持模块与传感器之间是点对点的高速专用传输通道。大容量存储器用于存放程序文件和蓝图数据，电源模块将机上供电换为统一的直流 48 V。然后由各模块上的 PSE（power supply element）将其变换为各模块所需的各挡电源，模块支持单元（module support unit, MSU）负责模块的控制和监控功能，包括模块的初始化、时间管理、模块的自检测及故障记录和报告等。

7.2.2 模块内部组成

IMA核心处理系统是由一组通用的硬件模块以及可动态配置的软件系统构成，通用功能模块（CFM）由模块支持单元（MSU）、处理单元（processing unit, PU）、路由单元（routing unit, RU）、网络接口单元（network interface unit, NIU）、模块物理接口（module physic interface, MPI）和电源转换单元（power conversion unit，PCU）等组成，如图7-2所示。

模块支持单元（MSU）能够控制和监视通用功能模块（CFM）的所有活动，提供内装测试（built-in test, BIT）控制、模块初始化、时间管理、状态记录、系统管理与调试等通用功能。模块支持单元还包括一组模块支持层软件，这些软件负责支持与实现模块要求的各种逻辑接口与功能；支持与操作系统、模块逻辑以及维护测试的接口；提供模块的资源信息管理、储存管理；中断处理服务、硬件异常管理、BIT管理、模块状态信息报告、时钟管理、底层管理接口驱动和故障管理等功能。

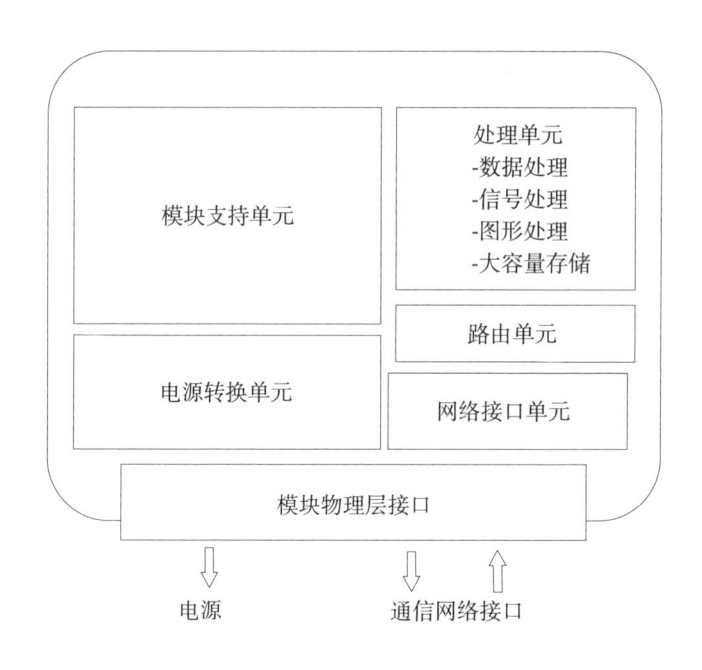

图 7-2 模块内部组成图

电源转换单元（PCU）能够为通用功能模块（CFM）供电，接收底板提供的标准电压，并将其转换为模块内部要求的特殊工作电压。出于故障容错考虑，每个模块至少有两个电源，电源转换模块对来自不同电源的电压进行合并，模块上 DC/CD 转换电路将提供的电压降到所需的元件电压。

处理单元（PU）完成模块具体的处理任务，主要分为数据处理模块（DPM）、大容量存储模块（MMM）。数据处理模块（DPM）包括一个或多个处理器，每个处理器具备完整的软件系统，多个处理器可以并行工作，通过模块内部的路由和网络接口支持处理器的配置与数据交互。信号处理模块（SPM）的设计思想与数字信号处理（digital signal processing, DSP）技术类似，通过软件配置实现信号处理。图形处理模块（GPM）应满足航空电子显示 2D/3D 图像的处理要求，能够从网络接收图像数据，将接收的图像进行缩放、旋转和平移处理，生成合成图像、2D/3D 图像，并具有图像失真处理等功能。大容量存储模块（MMM）提供大容量存储能力，具有文件和数据库操作等功能。

网络接口单元（NIU）和路由单元（RU）是在模块支持单元（MSU）的控制下，提供通用功能模块（CFM）内部和外部的所有通信功能，并实现与外部网络的连接。通用功能模块（CFM）的通信类型包括模块内通信，即模块内部处理单元之间的通信；模块间通信，通用功能模块（CFM）之间的通信；处理单元内部通信，处理单元内部各进程之间的通信。通用功能模块（CFM）之间的通信由路由单元（RU）提供，网络接口单元（NIU）主要负责外部通信。

7.3 核心处理系统软件结构

航空电子系统的体系结构伴随着技术的发展朝着高度综合化和模块化方向迅速发展。主要体现如下：①大量采用外场可更换模块，系统高度模块化；②减少生命周期成本，提高任务执行能力；③实时性、健壮性要求更高；④具有较强的容错能力。

核心处理系统软件结构需要实现的两个主要目标。一是搭建可重构的软件框架；二是建立可重用的应用程序组件。

根据分层的软件构架理念，航空电子系统软件结构可分为3层，如图7-3所示。

```
        ┌─────────────────┐
        │   应用层（AL）  │
        └─────────────────┘
               APOS
        ┌─────────────────┐
        │ 操作系统层（OSL）│
        └─────────────────┘
                MOS
        ┌─────────────────┐
        │ 模块支撑层（MSL）│
        └─────────────────┘
```

图 7-3 三层的软件架构

对于塔式软件系统 3 层结构的每一个软件层，在这个模型里，为了提供每层之间的独立性，层与层之间通过标准的接口进行通信。接口服务封装在低一级的软件层中，对于上一级的软件层来说，接口层提供了一种"虚拟机"，在这样的环境下，每一个接口都提供了一套通用的服务和资源。

在这个软件模型中，每一层的说明如下。

7.3.1 应用软件层

最顶层，包括飞机具体的功能应用软件，这一层软件包括与飞机任务和功能相关的各种软件，其与硬件无关。本层又分为：

（1）功能应用软件：为完成各种任务而开发的应用软件。

（2）应用管理软件：用于实现任务/方式管理。

对应用程序的分区隔离是从两个方面出发的，空间维和时间维。空间维意味着一个分区的内存是受保护的，应用程序无法访问分区以外的内存区。时间维意味着每次只有一个应用程序能够获得系统资源，包括处理器等。因此，在每个时刻，只有一个应用程序在执行，分区的应用程序之间的系统资源不存在竞争。

应用层中每个功能应用程序都完成特定功能。功能应用程序处理由某传感器或者其他功能应用程序传递来的数据，然后将处理后的数据传送至作动器或者其他功能应用程序。这种处理要求是实时的，即需要在规定的时间之内完成。每个具体的功能应用程序都能被划分成若干个平行的处理单元。对于某个功能应用程序进行任务划分，需从整体上进行规划，并且要与网络接口、处理过程、实时要求等具体要求紧密结合。每一个人物都有自己的运行环境，任务间的信息交换在任务的输入/输出中处理。也可采取共享内存的访问方式，减少网络通信流量。

所有的应用软件都驻留在应用层，开发时与具体的硬件无关，通过标准的接口和其他层通信，从而达到软件可重用的目的。

7.3.2 操作系统层

操作系统层为中间层，提供执行应用软件和管理系统所需的所有功能，其与飞机、硬件相互独立。操作系统层负责处理所有的通信需求，为各种应用程序提供执行平台，该层进行机载资源的管理，按照优先级对各种任务进行调度和切换。操作系统层可以完成通用系统管理、任务执行、任务监控、资源监控、通信服务和时间服务等功能。其包括了三个部分：操作系统、通用系统管理和蓝印系统。

1. 操作系统

操作系统提供为支持实时应用执行和有关的资源管理（例如：调度、通信服务、错误管理服务、系统安全服务、时间服务）所需的各种服务。

2. 通用系统管理（GSM）

通用系统管理适用于任何层次的资源管理，并提供健康监视、故障管理、配制管理、安全管理等功能。

（1）健康监视。用于评估航电资源使用情况以及综合区域和飞机的健康状况，具体的功能取决于所运行的系统层次。它主要作用在于监控错误和故障，并将任何有关的故障信息传递给故障管理系统，以便对故障作进一步的诊断与处理。

（2）故障管理：用于定位、隔离和限制错误和故障，阻止错误的发生或者限制错误的扩散，并且确保系统在发生错误后可以维持运行一段必要的时间，已完成系统重构或者降级等必要的安全处理。

（3）配置管理：执行初始系统配置和后来由于飞行模式改变请求或故障/错误处理和系统的最终下电引起的重构，以及系统关机等。

（4）安全管理：负责系统安全策略的执行，核心职责包括关键安全机制的全生命周期管理及安全技术的落地应用，包括编码、解码、认证算法和密钥管理。

3. 蓝印系统

蓝印系统以适当的数据结构描述应用软件的特性和要求，并可与仿真工具配合，进行系统仿真及性能评估研究，是对航电系统配置进行描述的一套软件，本质上也是一种配置文件。其将系统定义的信息集中管理，使系统总体的更改可以受控地自动/半自动地传输到目标系统。蓝印的概念就是从通用系统管理功能中分离出系统专用参数。此外，蓝印为系统综合人员和用户提供了配置和控制系统运行的必要参数。蓝印系统可以向航电系统整个生命周期的各个阶段提供配置依据，以跟踪系统特性。蓝印在加载应用软件阶段提供了可以离线访问的数据库。通过改变蓝印即可使软件系统跟随总体而变化，增加系统的适应性；由蓝印系统配置应用程序，可使应用软件与系统特定功能相关的硬件资源相分离，使应用软件获得可重用性，以及可移植性；最后，借助映射到蓝印中的动态结构算法还可以加强和改进系统的容错能力。

蓝印系统分为应用蓝印、资源蓝印和系统蓝印三部分。每一部分都采用了层次结构，以所需的详细程度自顶向下逐步标识系统。应用蓝印描述应用程序的运行时间要求、处理及存储要求等。每一个应用程序对应一个应用蓝印。资源蓝印描述物理资源，即现有资源的数目、类型及系统结构的物理拓扑。系统蓝印将应用蓝印的虚拟系统描述与资源蓝印的物理系统描述匹配起来。主要任务是确定处理器与程序、物理通道与虚拟通道的对应关系。蓝印系统的组成及其相互关系如图 7-4 所示。

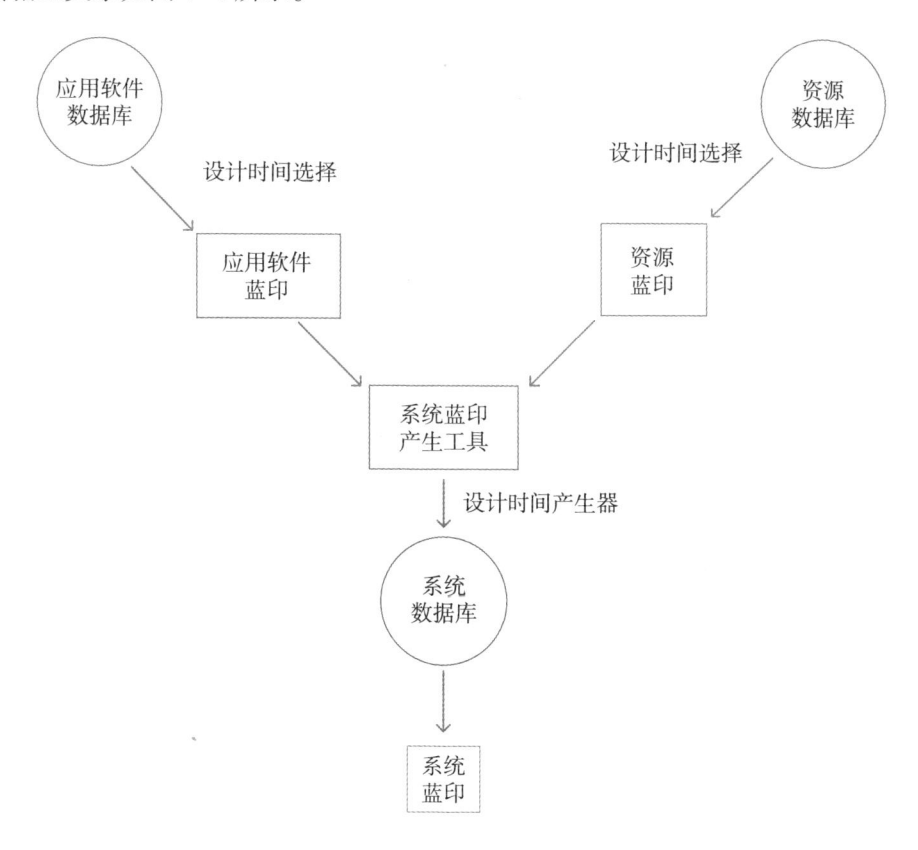

图 7-4 蓝印系统的组成及相互关系

7.3.3 模块支持层

模块支持层为最底层，包括了基础硬件的详细情况，并提供对实现操作系统层所需的底层资源的存取。模块支持层包含硬件的详细情况，并为操作系统层提供对底层资源访问的接口。模块支持层包含低级别的软件，该软件与计算机处理器进行交互。该层是用来管理内存和处理设备的访问，其依赖于硬件，但与飞机无关。通用模块由硬件和软件两部分组成，硬件部分实现机械、电子功能和物理接口，软件部分则是模块支持层，它和硬件一起提供模块的处理功能和逻辑接口。

模块支持层提供下列服务：

第一，加载服务。数据处理模块从通用系统管理获取信息后，根据调度表利用本服务加载应用软件任务包。加载器通过通信服务和大容量存储模块进行通信，交互参数包含需要加载的任务包的标识，当任务包接收完整后，操作系统在合适的内存地址上进行任务加载。

第二，通信服务。该服务包括创建虚拟通道、销毁虚拟通道、发送数据、接收数据和通信连接测试等。

第三，时间服务。提供自身硬件的日期/时间情况，向操作系统提供当前时间，同时用于系统时间校准。

第四，自测试服务。通过通用系统管理软件或者本地故障管理软件启动，进行模块状态检测，包括自启动的自测试和触发自测试。

第五，模块资源服务。将当前模块信息提供给操作系统。

7.3.4 软件体系与 IMA 系统的关系

1. 软件体系结构详细划分

根据上文所述划分，可以将软件体系三层结构划分为一个更为详细的软件框架，如图 7-5 所示。

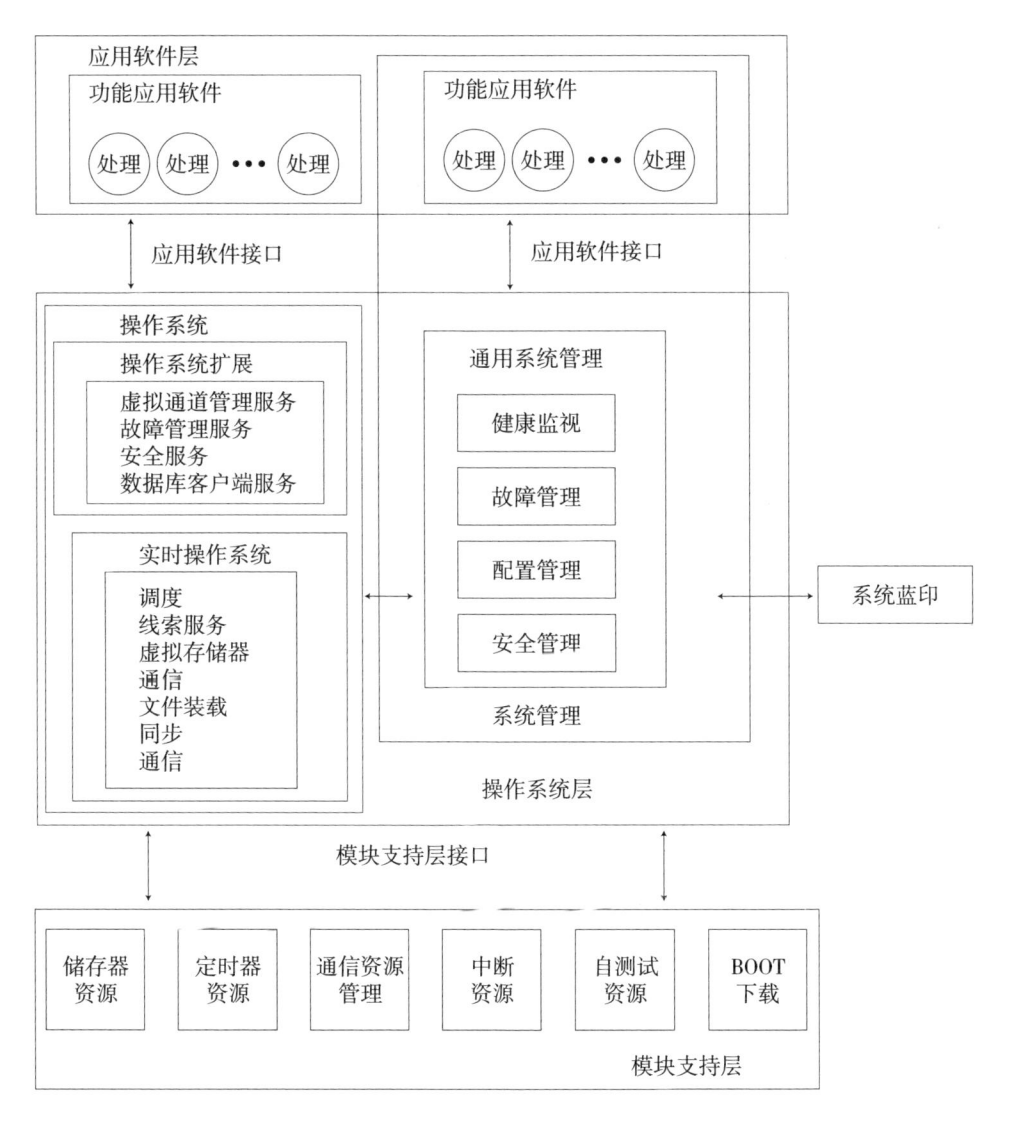

图 7-5 系统软件架构

2. 硬件模块加载软件映射

三层塔式结构软件模型在执行任务的时候,将加载到硬件模块上,这些处理模块包括数据处理模块、信号处理模块、图像处理模块、海量存储模块和电源转换模块。对于网络支持模块,可以不需要支持完整的三层塔式软件结构,但必须提供完整的模块支持层的功能,可以通过模块支持层接口与其他模块通信。

三层塔式软件结构将在模块的初始化过程中加载到模块的处理单元上,如图 7-6 所示。

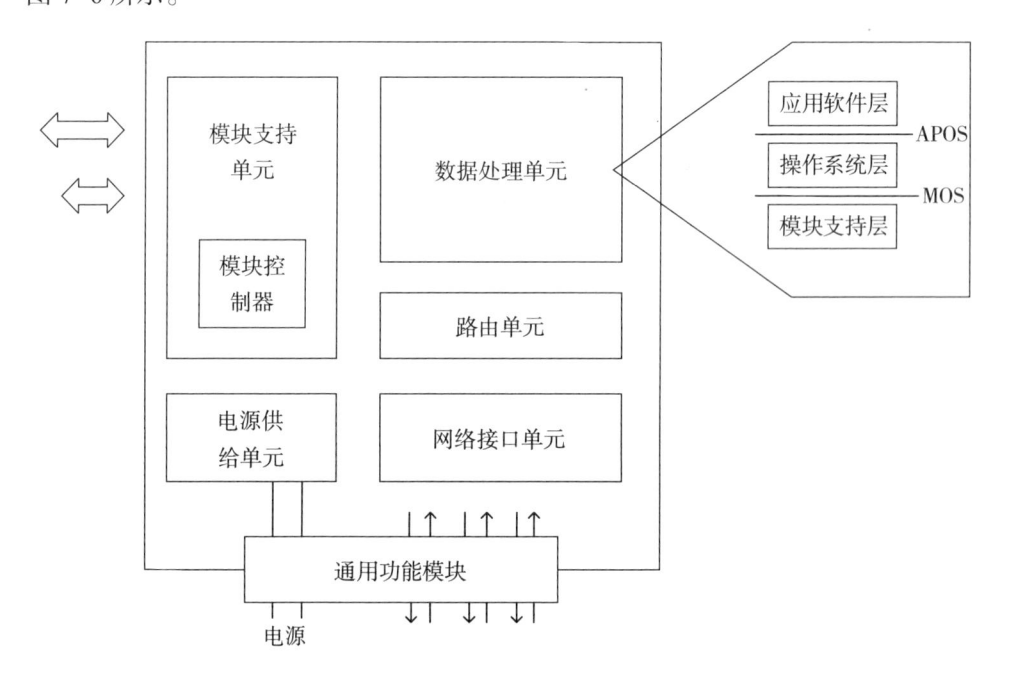

图 7-6 软件系统的加载

对于数据处理模块,模块里面包含多个微处理器,每一个微处理器都可以加载不同的软件系统,这些微处理器从逻辑上看是独立的,整个模块是由多个处理器组成的处理系统。对于信号处理模块,模块里面包含了若干信号处理器,在模块的初始化过程中,将在一个处理器上搭建软件系统,其余处理器完成信号处理的过程，在模块的设计过程中，可以有区别地设计这两种处理器，将 DSP 技术引入设计过程。对于图像处理模块，与信号处理模块类似，模块包括若干图像处理器，在初始化过程中，将在一个处理器上加载软件系统，其余处理器完成具体的图像运算功能，在设计过程中，可以考虑采用不同的设计技术，让图像处理器更适用于图像运算处理。对于海量存储模块，将在处理单元加载软件系统，在模块初始化的过程中，海量存储模块将自动加载软件系统并指导其他模块完成初始化过程。对于电源转换模块，为了控制和监控输出去的每路电源状况，也需要有一定的处理能力，在模块中将包含微处理器，可以加载软件系统。

3. 软件架构与 IMA 系统的关系

图 7-7 为软件架构与整个 IMA 系统的关系。

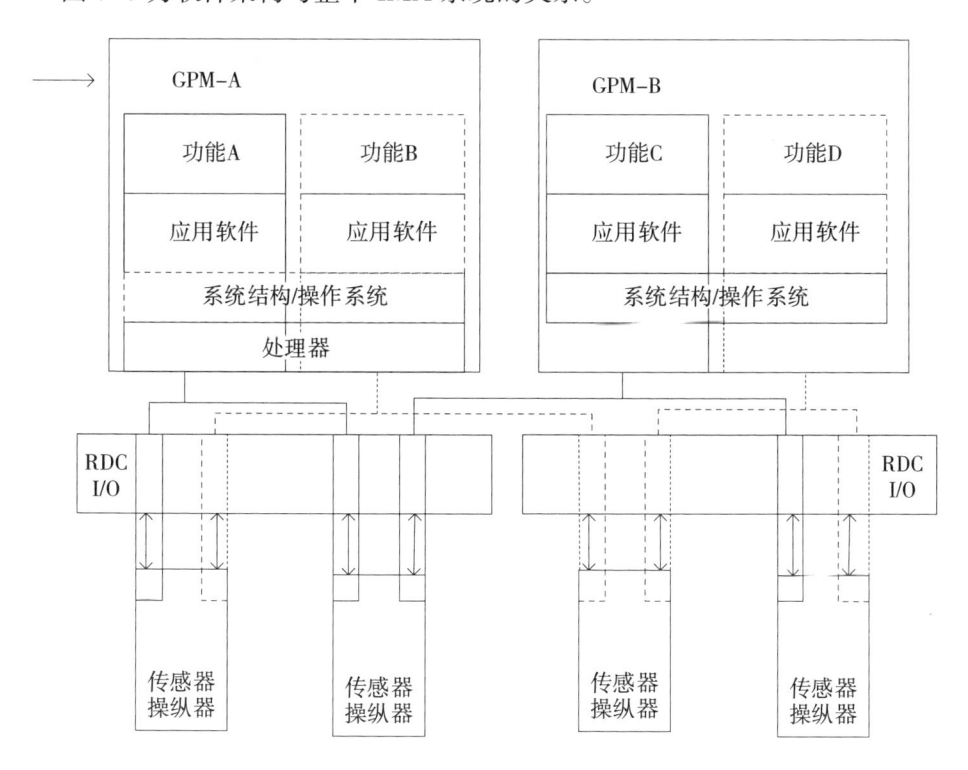

图 7-7　软件架构与整个 IMA 系统的关系

7.4 各层之间的接口与资源调度

7.4.1 IMA 系统软件接口

航空电子系统软件结构每层之间使用一个标准的应用程序接口（application program interface, API）进行函数调用。这种三层次的方法，能够支持一个组件在其他组件受到的影响最小的情况下，进行增量式改变。这有助于处理过时硬件在航空工业长期存在的问题。比如当需要改变应用程序分区来修复软件错误时，只要应用程序满足调度要求，系统中的其他组件就不需要改变。IMA 定义了 4 种物理接口和 4 种逻辑接口，其对应接口及功能如图 7-8 所示。

1. 物理接口

（1）APOS（application layer/operating system layer）是应用层/操作系统层接口，是一种把飞机有关的应用程序软件（AL）与飞机无关的软件（OSL）分离的直接接口。其目的是给应用层 AL 中的进程提供到达由 OS 提供的那些服务的一种标准化的 OS 无关的接口，从而改进应用软件的可移植性和重用性。

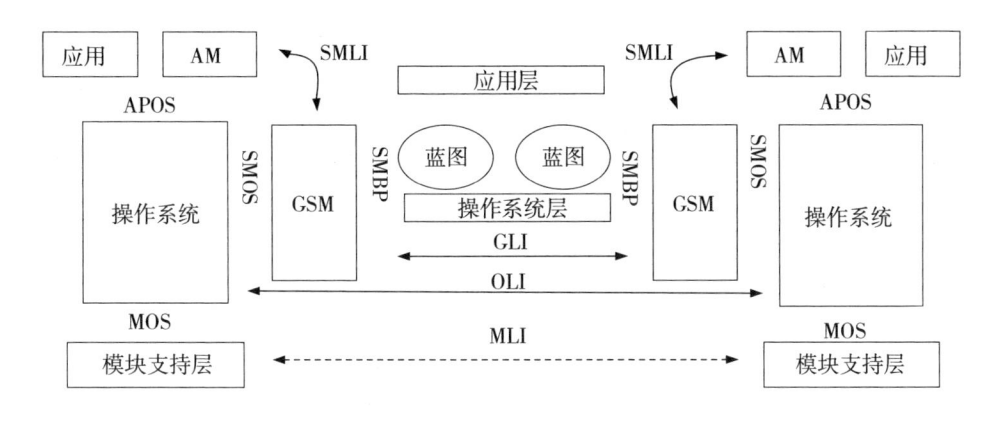

图 7-8　IMA 软件接口

（2）MOS（module support layer/operating system layer）是模块支持层/操作系统层的接口，是一种把操作系统层 OSL 与模块支持层（MSL）分离的直接接口。其目的是提供给操作系统调用模块支持层 MSL 所包含功能的一种硬件无关和技术透明的接口。这样，模块支持层与操作系统的接口就允许相同操作系统层软件驻留在不同的通用模块中，而与底层硬件的具体配置无关。

（3）SMOS（system management/operating system）是通用系统管理与操作系统之间的接口，封装在操作系统层内部的接口，它描述了由操作系统提供给通用系统管理的服务。

（4）SMBP（system management/blueprint）是通用系统管理与蓝印系统的接口，封装在操作系统层的 GSM 和蓝印之间。目的是使蓝印的开发与操作系统层分离，减少由于蓝印配置的改变而对通用管理系统造成的影响。该接口允许在定义与蓝印之间的标准化接口的同时，保持蓝印的结构和实现的非标准化。

2. 逻辑接口

（1）MLI（module logical interface）是模块逻辑接口，其定义了不同模块

支持层之间的逻辑交互，以满足模块互通性和系统可重构性的需求。

（2）OLI（operating system logical interface）是操作系统逻辑接口。其定义了不同软件结构上的两个操作系统实体之间的相互通信，设计了虚拟信道通信和数据表达，描述了两个与虚通道（virtual channel, VC）通信和数据表示有关的OS实例之间的相互通信，定义了不同操作系统实例之间的信息交换的方式和协议，以提高不同模块间互操作能力。

（3）GLI（generic system management logical interface）是通用系统管理逻辑接口，定义了位于不同软件结构上的两个通用系统管理实体之间的相互通信。这种通信是按资源单元/综合区域/飞机的层次关系进行的。

（4）SMLI（system management logical interface）是系统管理逻辑接口，定义了一个应用软件管理与通用系统管理之间的虚拟信道，标准化了AM（应用管理）和GSM（通用管理器）之间的基于VC的通信协议。

7.4.2 各层之间的资源调度

1. 驻留软件分类

第7章所列举的驻留软件属于软件体系中的软件应用层，也就是说最顶层。16种驻留软件可以将其按照模块支持中的六种通用功能模块所对应的功能进行分类。在IMA工作过程中，不同的软件调度相应通用模块中的资源，进行数据的传输、转化与处理。具体分类如图7-9所示。

2. 软件架构资源调度

在IMA中，存在不同机柜、不同模块、不同处理单元以及处理单元内部的资源调度，反映在软件上则都体现为进程与进程之间的资源调度。首先是某个进程有资源调度的需求,然后传递到操作系统层上,操作系统再将资源调度任务转交给模块支持层,由模块支持层提供传输链接,最后是模块硬件在具体的网络链路上实现资源调度。

IMA 中应用分区间的资源调度基于虚通道 VC。VC 是一种单向的面向数据的通信方式,由系统创建、配置和维护,为进程间的资源调度提供独立通道,也即,一个虚通道仅仅传输特定的数据项或者数据集,进而为航电系统安全管理提供了设计依据。

图 7-9 驻留软件分类

基于传递数据的单向性和独立性，可以针对具体所传递数据的敏感程度定义安全级别，设定安全管理密钥，比如身份认证密钥、消息加解密密钥和消息鉴别密钥等。

IMA 的资源调度由虚通道 VC、传输链接 TC（transfer connection）、网络链路 NC（network channel）支持，其中 VC 由操作系统提供，TC 由模块支持层提供，不依赖于硬件，NC 由模块支持层提供，依赖于硬件。具体资源调度模型如图 7-10 所示。

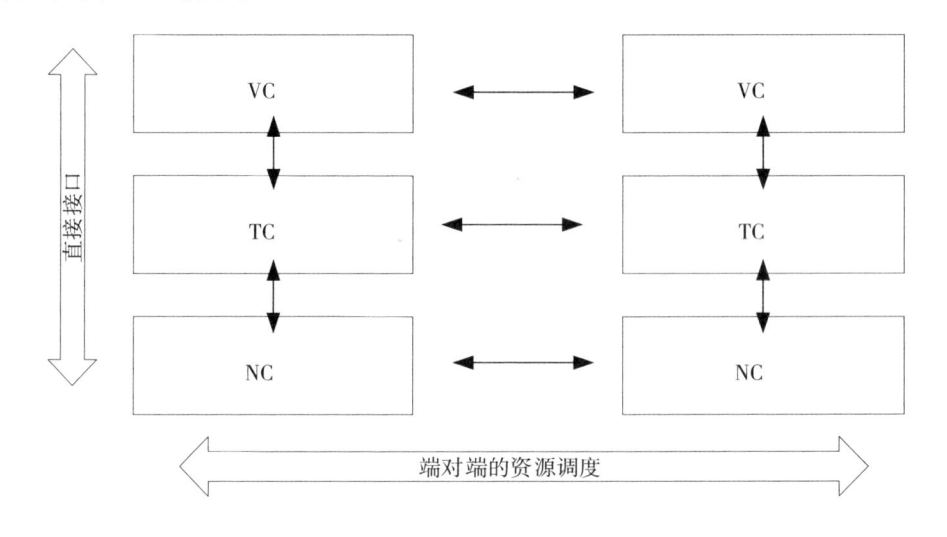

图 7-10　IMA 资源调度模型

3.VC，TC 和 NC 的介绍

（1）虚通道 VC。虚通道的创建、删除和路由都由操作系统层管理，单向，面向消息，在资源和时间消耗方面都是可预测的。

虚通道为所有进程间通信提供独立通道。一个虚通道仅仅传输特定的数据项或者数据集，即虚通道是面向数据的，实现了通信的透明性。

虚通道是面向数据的，而非面向进程的，就是说对于某一特定虚通道，它

第 7 章　IMA 核心处理系统

只能传送某一特定数据项或数据集。虚通道通信的参数在蓝图中定义，包括源进程和目的进程、需传输的数据项以及经由的虚拟通道等。基于蓝图中的定义，发送方和接收方的安全管理系统发起操作系统中通信实体的建立和配置。整个虚通道通信协议分 4 层实现，包括本地虚通道 LVC、全局虚通道 GVC、传输连接层 TC、网络层 NC，如图 7-11 所示。

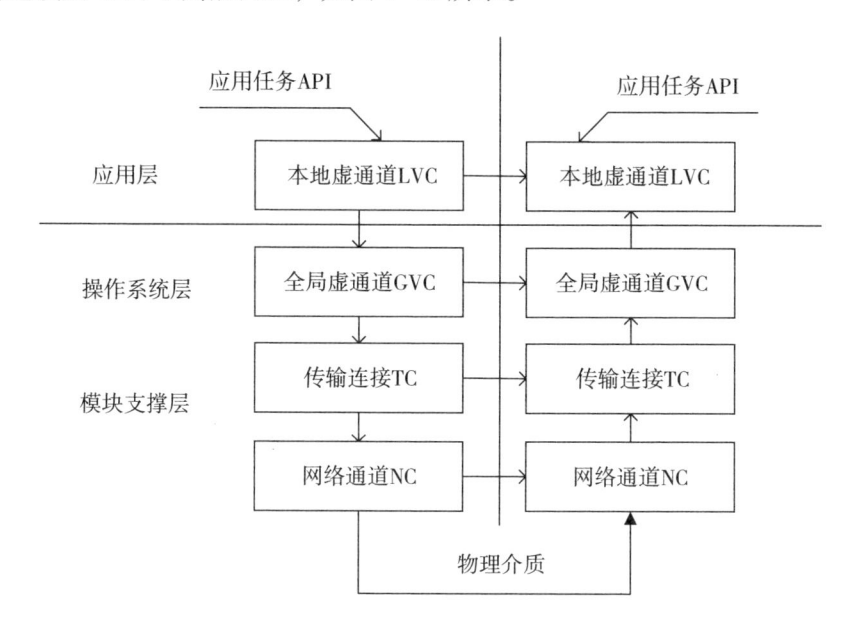

图 7-11　基于虚通道的分布式通信协议结构

（1）应用任务只使用本地虚拟通道 LVC，当应用任务从一个模块迁移到另一个模块上运行时，可以不必修改配置，实现应用任务的传输兼容性，这对系统实现动态容错与故障重构非常有利。采用基于虚拟通道的通信协议的另一个好处是，针对不同的硬件传输介质，可以做到以上对硬件的透明性。

（2）传输连接 TC。TC 由模块支持层提供，传输连接的实现与具体硬件无关。TC 的创建、删除和路由由操作系统管理。TC 是无方向的，能够被一个或多个 VC 使用，而且支持流通信模式。

（3）网络链路 NC。NC 位于最底层，由模块支持层提供，与具体的硬件实现相关，网络链路实现最终物理通信。NC 没有特定的限制或要求。NC 在模块支持层内管理。NC 属性在蓝图中配置，这些配置数据依赖于具体实现并对层软件透明可见。

4. 进程间的资源调度

该通信模型支持：一个发送端到一个接收端（1∶1）；一个发送端到多个接收端（1∶N）；多个发送端到多个接收端（$M∶N$），如信号处理过程。前两种情况可以看作消息的多点传送，第三种情况则可以看作分布式多点传送。

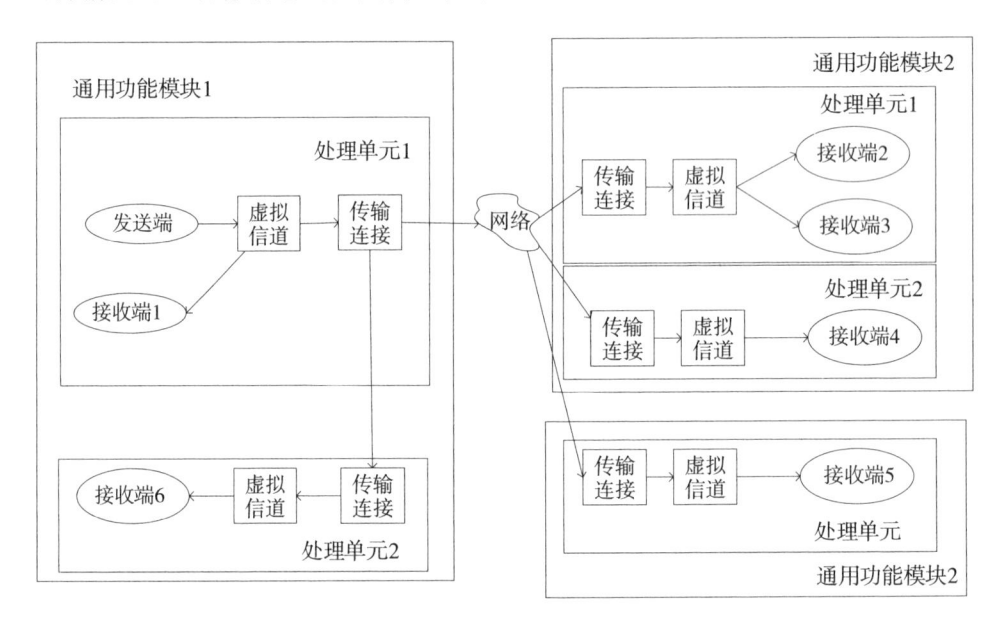

图 7-12 一个传输连接实现多点传送

由于（1∶1）模型可以看作（1∶N）模型的特例，下面只讨论（1∶N）模型。（1∶N）模型允许一个发送端向多个发送端发送数据。发送端并不知道所发送的数据是否向多个接收端传递，具体的对应关系在蓝印系统中定义。从虚通道和传输连接的关系，可以将（1∶N）模型分成两类：一类是使用一个传输连接实现多点传送，如图 7-12 所示；另一类是使用多个传输连接实现多点传送，如图 7-13 所示。

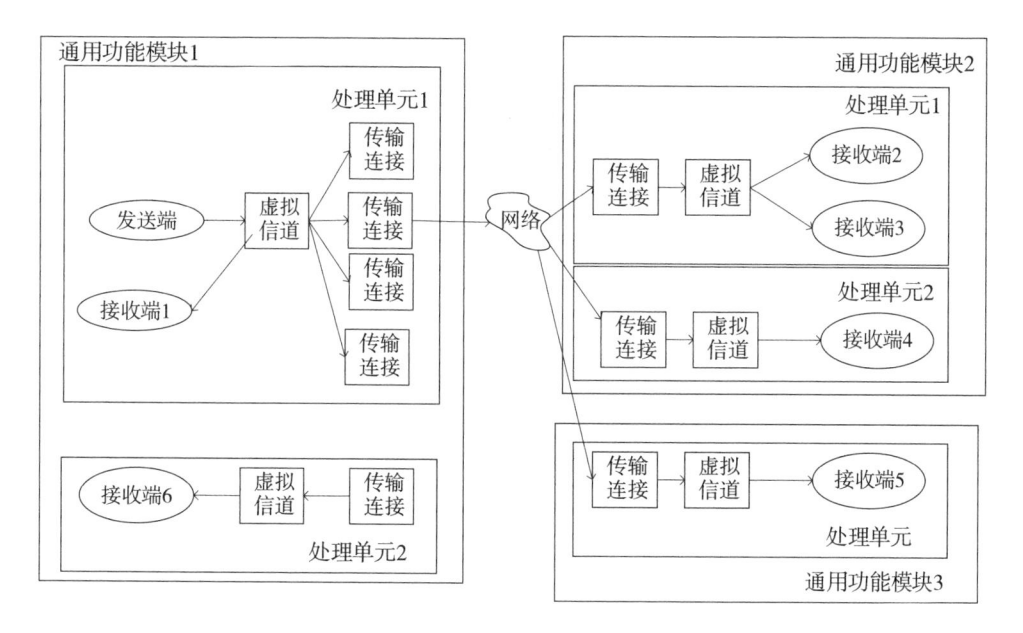

图 7-13　多个传输连接实现多点传送

进程间的（$M:N$）资源调度模型，一般专门针对信号处理。我们可以把它看作多个（$1:M$）和（$N:1$）的组合。如发送端采取（$1:M$）的多点传送模型，M 个接收端接收分段数据，而接收端采取（$N:1$）的模型，N 个发送端发送分段数据。

（$M:N$）模型通信中的处理器可能既是发送端也是接收端，这些发送端或者接收端位于一个或多个处理单元上，同时这些处理单元可能位于一个或多个通用模块上。信号处理应用程序应该能够处理一维、二维和三维的数据分组。

5.软件架构资源调度配置

航空电子系统通信都是基于蓝图数据可配置的。局部 VC 的 ID 只在所属的应用进程内有效并且唯一，其具体 ID 值取决于所属应用进程的具体实现，和其他应用进程无关。无论发送方还是接收方的 GSM 都会使用蓝图数据，并会根据蓝图配置发起操作系统创建通信对象来配置系统通信。具体配置如图 7-14 所示。

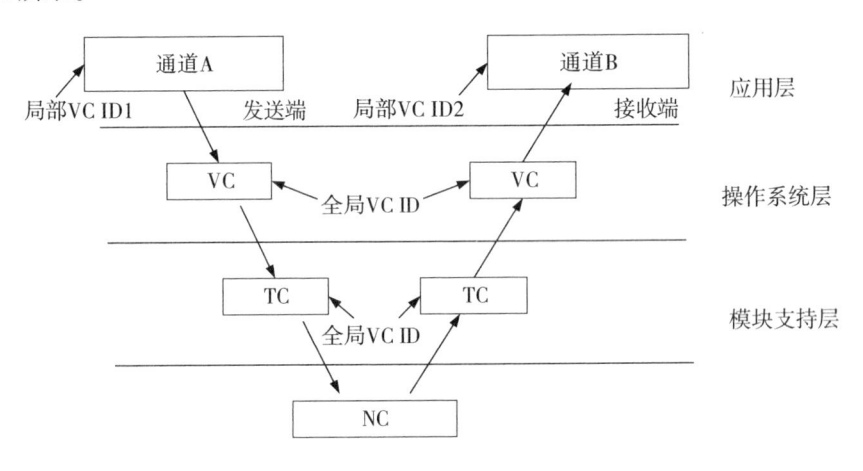

图 7-14 IMA 资源调度配置

操作系统创建一个 VC 实例，并赋给其全局 ID，该全局 ID 在整个系统内可唯一标示该 VC 实例。因此发送方和接收方的 VC 的 ID 值一样。

操作系统给该全局 VC 实例分配属于某个应用进程的局部 ID。

操作系统创建一个 TC 实例，并赋给其全局 ID。该全局 ID 在整个系统内可唯一标示该 TC 实例。因此发送方和接收方的 TC 的 ID 值一样。

操作系统将该 VC 映射到对应的 TC 上。

7.4.3 航空电子系统信息交互

从系统的普遍意义上来看，系统都具备功能、组成和结构三个要素，系统内部各组成要素相互作用产生系统功能，系统功能大于各组成要素功能的累加。航空电子系统功能设计，从民用飞机操作需求出发，进行逐层逐级分解，得到了确定的功能模块，明确了功能模块的接口特性、主要功能及实现方法原理。事实上，航空电子的总体功能并不是单个功能模块的直接表现，而是多个功能模块通过信息交互，形成系统层面的综合能力。这种综合能力具有超越功能，形成各组成要素单独运行不具备的功能和精度；又具有互补功能，使各组成要素的功能和性能取长补短，避免单一组成要素的局限，扩大适用范围；同时还具有余度功能，利用多组成要素观测同一信息源、处理同一任务，增加了系统的可靠性。

航空电子系统信息交互结构包括信息交互关系、交互过程设计与分解等内容，分别刻画了系统能力层次之间的静态信息流传递关系，以及支持系统任务实现的动态信息交互过程。信息交互结构的设计结果是进一步指导系统的物理实现、互联技术选择的重要依据。

从航空电子系统整体上来看，系统的能力是一个纵向的层次结构，底层能力的实现为上一层能力实现提供支持，确定各个功能模块在系统能力层次结构中的位置，根据不同能力层次之间的控制流和信息流的传递关系，梳理出各个模块之间的信息交互关系。

航空电子系统功能模块能力层次主要分为显示控制层、任务管理层、决策辅助层、综合功能层和传感执行层。若对应于系统软件结构来看，显示控制层对应于应用软件层；任务管理层和决策辅助层对应于操作系统层；综合功能层和感知执行层对应于模块支持层，如图7-15所示。

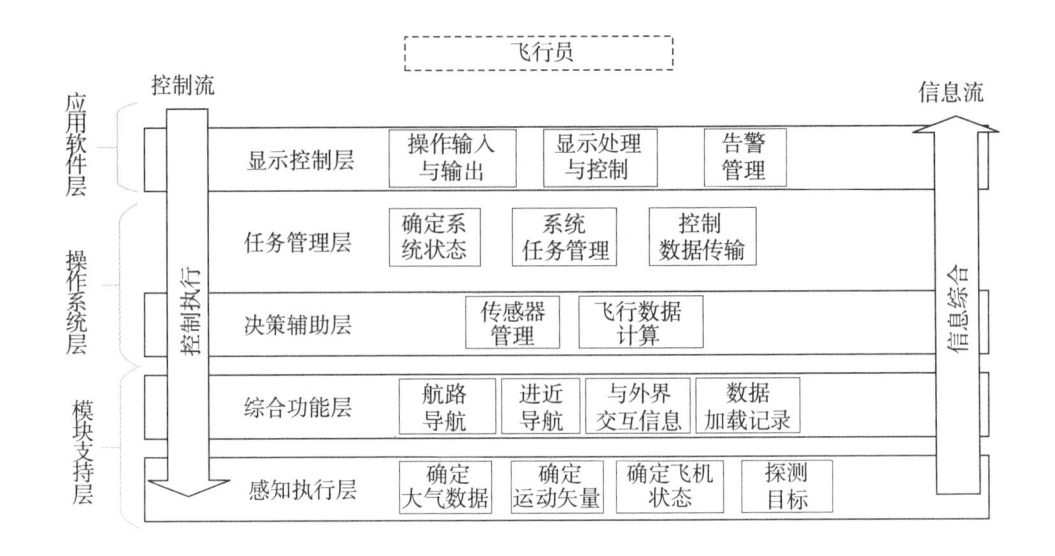

流形计算密码攻击与航电处理平台操作研究

图 7-15 航空电子系统功能模块能力层次

显示控制层主要包括操作输入与输出、显示处理与控制以及告警管理三个人机接口的功能模块。一方面将飞行员的有效操作指令分解，并向下层的功能模块传递；另一方面汇集下层各功能模块上报的信息，形成显示、告警等信息。

任务管理层主要包括确定系统状态、系统任务管理以及控制数据传输三个功能模块。该层主要用于管理控制各组成部分的工作状态，使全系统协调到飞行员所期望的状态。

决策辅助层包括传感器管理、飞行数据计算两个功能模块。综合外部目标的信息和本机传感器信息，实现目标融合、指挥引导，进而进行正确的飞行决策。

综合功能层主要包括航路导航、进近导航、与外界交互信息、数据加载记录等模块。该层对一定范围内的传感器输出信息综合处理，或者对一定范围内的传感器和执行机构综合控制，实现一些特定的综合功能。

感知执行层主要包括确定大气数据、确定运动矢量、确定飞机状态、探测目标等功能模块，主要实现目标、飞机各类参数测量以及武器控制等具体功能。

由于感知执行层所包含的功能模块信息交互关系比较单一，因此主要分析其他能力层中功能模块的信息交互关系。

1. 显示控制信息交互

显示控制作为航空电子系统最顶层，通过调用应用软件层的相关应用软件，根据当前任务汇集系统各类信息，为飞行员提供适当的显示、灯光以及音响等信息；能够判断和确认飞行员的各类操作，生成控制指令，控制航空电子系统的其他组成部分执行并响应飞行员的操作。显示控制信息交互关系如图 7-16 所示。

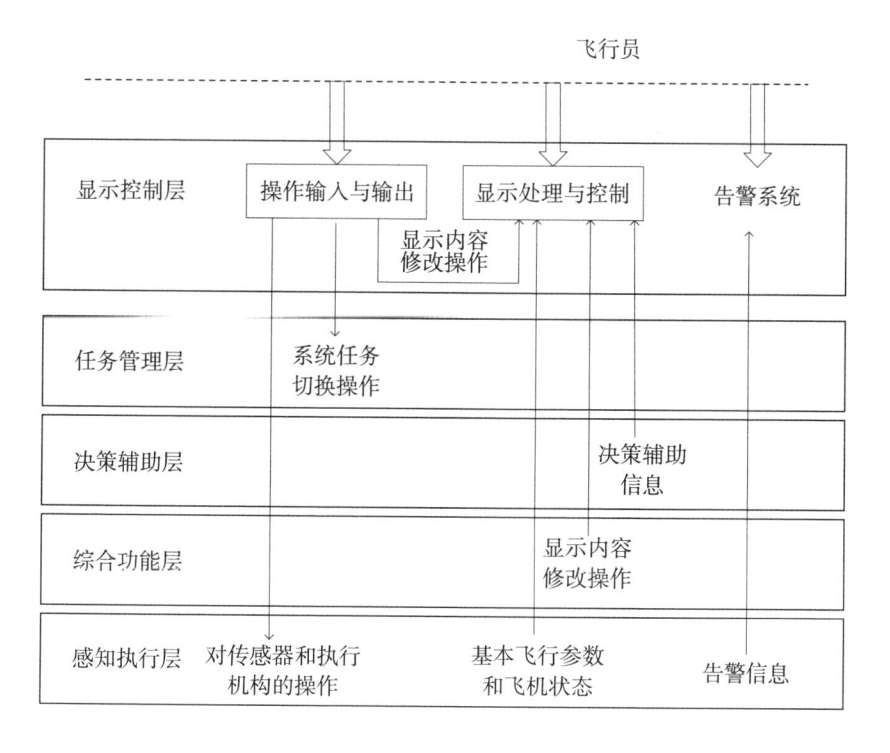

图 7-16 显示控制信息交互

（1）来自飞行员的操作信息。

显示内容修改操作：飞行员调阅菜单，根据菜单提示进行操作；针对某一显示画面，进行显示参数的删减，即显示防拥；对多功能显示器的显示内容及画面进行切换。这些操作均通过操作输入与输出功能模块进行确认后形成操作指令，直接输出给显示处理与控制功能模块，后者响应飞行员的操作，执行显示内容的修改。

系统任务切换操作：飞行员决定切换当前任务，通过操作使航空电子全系统转换到期望的任务状态。这些操作涉及全系统各个组成部分的工作状态切换，由操作输入与输出功能模块确认飞行员操作后，形成操作指令输出给任务管理层，由任务管理层具体实施全系统工作状态的轮换控制，调度全系统达到飞行员期望的状态。

对传感器和执行机构的操作：飞行员对雷达搜索方式改变操作，对导航航线调整等。这些操作是飞行员对传感器或者执行机构的直接操作，由操作输入与输出功能模块确认后形成操作指令，直接输出给指定的传感器或执行机构。

（2）向飞行员输出的显示信息。

基本飞行参数和飞机状态：飞行速度，航向，高度；俯仰角，温湿度；飞机油量，发动机重要工作参数等。这些信息由单个传感器或执行机构直接输出，经过显示处理与控制功能模块向飞行员显示，一般不需要对多种数据进行综合处理。

综合功能信息：航路计划、搭配目标航路点的距离和待飞时间等信息；应飞速度、应飞航向、应飞高度等飞行引导指令信息等。这些信息往往是单个传感器无法提供的，需要将多个传感器输出的数据进行综合计算，然后输出到显示处理与控制功能模块显示给飞行员。

（3）向飞行员输出告警信息。

告警信息主要包括飞机各系统的故障警告，外部环境恶化等信息，主要由告警管理对来自传感器和执行机构的相关信息进行处理，并判断告警条件，适时发出警告等。

2. 任务管理信息交互

航空电子系统任务管理能力以系统任务管理功能模块为核心，系统任务管理模块与同级的确定系统状态、控制数据传输功能模块间进行信息交互，并与其他层交互命令、数据和状态信息。任务管理信息交互关系如图7-17所示。

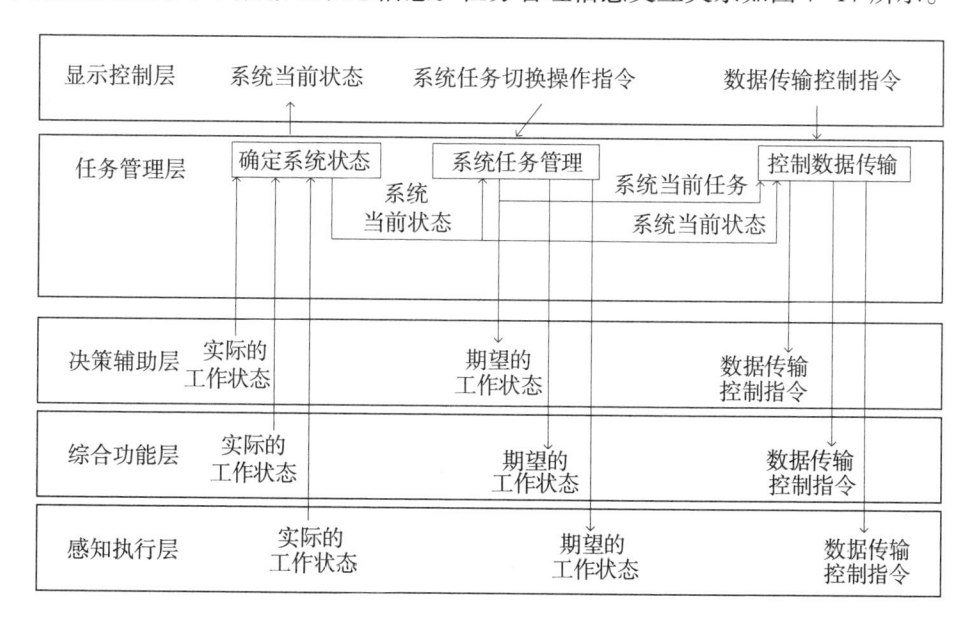

图 7-17 任务管理信息交互关系

（1）确定系统状态功能模块：收集决策辅助层、综合功能层以及感知执行层各组成部分的实际工作状态，形成系统当前状态信息，输出给应用软件层，调用显示控制有关的应用软件，控制显示形成操作界面；输出给系统任务管理功能模块，作为系统状态转换的判断条件之一；输出给控制数据传输功能模块，作为控制系统内部数据传输的依据。

（2）系统任务管理功能模块：接收显示控制层输出的系统任务切换操作指令，接收系统当前状态信息，综合判断后形成系统的状态控制指令，输出给系统的各个组成部分，协调控制全系统有序地转入飞行员期望的工作状态。

（3）控制数据传输功能模块：接收系统的任务状态指令和系统当前状态信息，形成数据传输控制指令，协调有序控制系统的各个组成部分之间的数据传输过程。

3. 综合功能信息交互

航空电子综合功能包括：导航管理与计算、与外界交互信息、数据加载与记录等，这些功能的实现都需要综合多个传感器的数据，或者需要对多个执行机构进行综合控制。

综合导航包括导航计算、导航管理两个方面的能力。导航计算的主要目的是引导飞机按照既定高度、航向、速度和时间等约束条件飞越航路点，需要航空电子系统根据飞行任务计划，结合飞机实时的载油量、大气环境以及各项飞行参数进行综合计算，输出飞行引导指令，引导飞机克服各种扰动，按照既定的目标飞行。导航管理的主要目的是支持飞行员根据任务过程中的实际情况，对事先确定的飞行计划作出调整或修改。

综合导航能力具体由航路导航、进近导航两个功能模块实现，信息交互关系如图7-18所示。

第7章 IMA核心处理系统

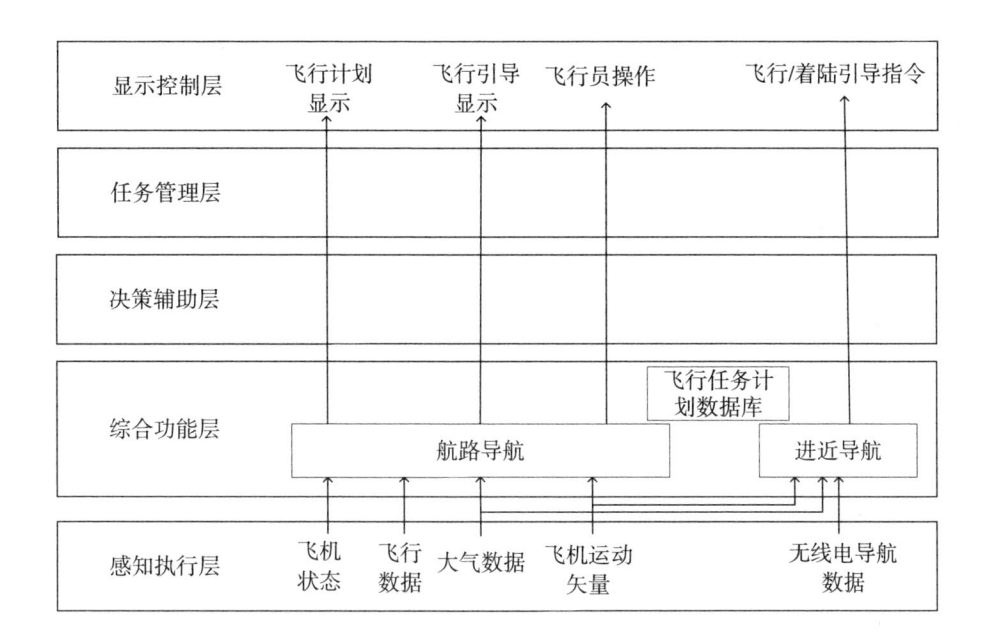

图 7-18 综合导航信息交互关系

（1）航路导航功能模块：与显示控制层交互，接收飞行员修改的飞行计划，切换导航计算模式等操作命令，输出当前正在执行的飞行任务及飞行姿态，输出应飞航向、应飞速度和应飞高度等飞行引导信息；与感知执行层交互，取得飞机当前油量、外挂物构型等飞机状态，取得大气数据、飞机运动矢量等，根据当前选定的飞行计划，计算飞行引导指令。

（2）进近导航功能模块：通过塔康、信标台、微波着陆等，取得进近导航需要的测量数据；由飞行任务计划数据库取得着陆机场数据；从感知执行层取得大气数据、飞机运动矢量等。向显示控制层输出飞行引导指令以及水平偏差、垂直偏差等着陆引导信息。

（3）与外界交互信息功能模块：航空电子系统与外界的信息交互主要包括通信与应答。通信包含语音和数据两种形式，通过数据通信手段，接收地面指挥系统发送的目标数据和指挥指令，同时也将本机传感器探测到的目标数据、飞机状态和飞行数据传送到地面指挥系统。与外界交互信息功能模块交联关系如图 7-19 所示。

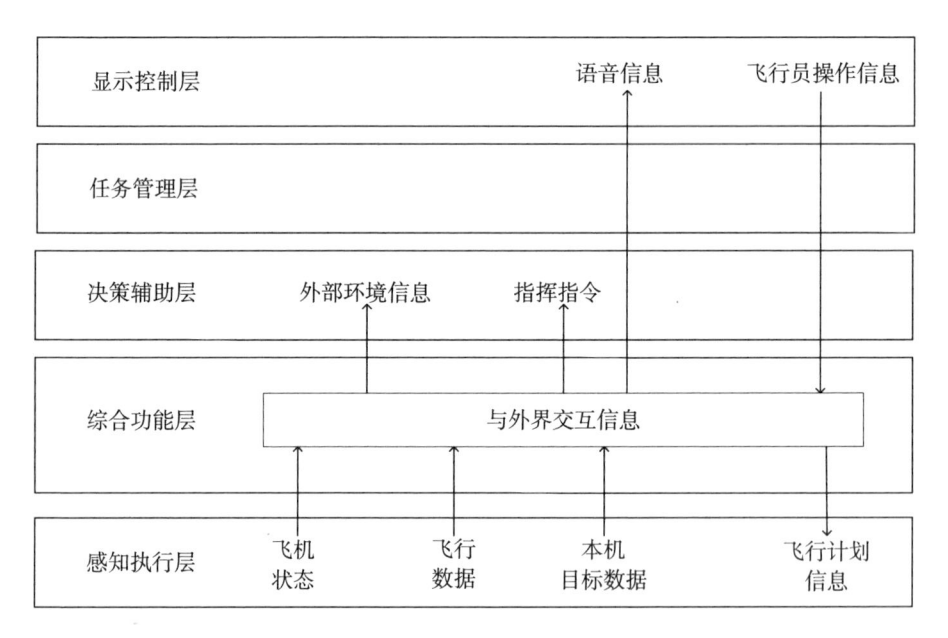

图 7-19　与外界交互信息功能模块交联关系

（4）数据加载与记录模块：航空电子系统在执行飞行任务前需要加载航路规划、机场数据等参数，这些数据由地面指挥系统根据飞行计划生成，一般通过数据存储卡的形式统一加载，并通过系统内部数据传输分别传输到系统的各个组成部分。数据记录功能，是将飞行任务过程中的重要工作数据进行记录，在飞机降落后，通过对卸载数据的分析，支持飞行任务完成情况评估，同时也是支持系统故障分析的重要数据源。

数据加载与记录模块与系统各个组成部分交互，加载初始数据，记录飞行过程中的重要数据。

第8章 IMA系统的故障处理与维护

8.1 故障预测与健康管理（PHM）

参照ASAAC标准的系统管理模型与综合飞行器健康管理体系结构，机载故障预测与健康管理（prognostics health management, PHM）体系设计采用分层结构。机载PHM体系分为飞机级（aircraft prognostics health management, APHM），系统级/子系统级（system prognostics health management, SPHM）以及模块级（module prognostics health management, MPHM）。APHM负责航电系统整体PHM功能运行，根据各子系统反馈信息完成状态监测与记录、故障处理和决策生成等功能，具有人-机接口，完成系统状态显示和故障显示、地面维护等功能。SPHM负责所在系统及其下属的模块状态监测与记录、故障预测、故障诊断与处理，能够与APHM进行通信。MPHM由通用处理模块、数据采集等设备组成，主要完成数据采集、状态监测与记录和故障管理，同时将故障上报。

参照ISO13374标准定义的OSA-CBM（open system architecture for condition-based maintenance）模型，将航电系统PHM功能划分为数据采集（预

处理)、状态监测、故障预测与健康评估、决策支持和表达层五层,同时运行蓝图(run-time blueprint, RTBP)为PHM各层功能提供支持与指导。数据采集层负责数据采集、存储和预处理。状态监测层负责对各系统和模块运行状态监测,将异常数据进行收集并上报。故障预测与健康评估根据监测数据,结合历史记录数据、系统故障预测模型,完成健康状态分析、故障诊断和预测功能。决策支持层根据故障预测与健康评估结果生成维修方案与措施。表达层提供人－机交互接口,显示系统当前状态信息,并且可以通过维护接口对系统进行综合维修。

需要注意的是,航电系统在各级PHM功能设计时应根据实际情况量体裁衣。如针对模块级PHM,由于资源限制,只需具有对非关联故障进行诊断,并对关联性故障进行初步分析且上报的功能。而顶层的APHM决策支持层应支持多层次多区域复杂故障的处理。

参照ASAAC蓝图设计理念,从整体上采用树形结构进行定义。各级PHM能够通过统一接口从蓝图树根节点通过遍历方式访问到所需的任何数据结构。蓝图信息主要分为两类:静态配置信息和动态信息。静态配置信息,包括系统管理信息、故障模型配置信息、故障管理措施信息等。动态信息包括实时系统健康状态信息、实时配置信息和实时故障处理信息等。

PHM技术在航电系统中的应用:①基于模型的故障预测方法。基于模型的故障预测方法通过建立系统对应数学模型来模拟其特性,通过实际系统测量值与数学模型进行对比分析,评估系统故障累积效应,从而评估设备剩余寿命。基于模型的故障预测方法能够很好地了解系统特性,随着对设备或系统故障演化机理研究的逐步深入,可以逐渐修正和调整模型以提高其预测精度,与其他方法相比误差更小。对于航电系统,由于其信号交联关系复杂,难以建立精确的数学模型,基于模型的预测方法受限较大,需要深入研究综合应力下电子系统的失效机理和故障建模,提高预测与诊断的准确性。②基于统计数据的随机建模方法。基于数据驱动的PHM技术主要集中在基于统计数据的随机建模方法和人工智能方法，能够通过对系统多方面的数据，如传感器数据、仿真数据等进行数据分析来预测可能出现的故障，无须相应的物理模型与专家知识的支持。相较于人工智能，基于统计数据的随机建模方法对系统进行闭环表示，能够对诊断和预测结果进行很强的不确定性量化管理，对于后续的系统维护策略至关重要。但由于航电系统关键部件的典型数据（仿真数据、故障注入数据）获取难度高，制约了其在航电系统中的应用。③基于大数据的人工智能方法。基于大数据的人工智能技术在航电系统预测与诊断方面有着较好的自适应性、容错性、联想能力和学习能力。与基于统计数据的随机建模方法相比，人工智能所需要的配置更为简单，在构建航空大数据中心支撑的基础上，对大量工作参数进行分析，挖掘出反映系统性能的信息，从而逼近非线性系统的工作状态与趋势，准确率较高。鉴于航电系统的复杂特性，任何单一的故障预测与诊断方法都无法较好地解决问题。组合型预测方法通过结合使用多种预测方法，能够得到更准确的预测结果，成为了研究热点与发展趋势。如近年来形成的数字双胞胎（digital twin）技术，通过综合人工智能、机器学习等方法，建立系统数字模型，模拟系统真实运行状态以实现故障预测与诊断。

在实际的应用过程中，受限于技术和系统结构，关键数据难以收集，航电系统中的状态监测有着较大困难。在提高传感器采集技术的同时，充分利用现有传感器单元的能力，尽量减少传感器数量，通过收集分析系统固有的工作参数，比如工作功率、GPS工作参数精度、信噪比等，提高信息感知能力。同时，BIT（built-in-test）技术是航电系统各模块实现状态监测与故障诊断、隔离的有效方法。结合先进的传感器数据采集技术和故障预测技术设计BIT功能，提高系统检测能力，是实现状态监测功能的关键之一。

机载航电PHM结构通常采用飞行器－子系统－底层资源三层的分层方式，各个模块与功能之间耦合关系密切，故障传递影响复杂。应加强研究不同功能模块之间的故障传递机制和失效机理，在不同层次的 PHM 模块中采用不同的推理与诊断方法，在层与层之间，采用基于状态、传感器和功能的故障分析交叉增强校验，从而提高整体的故障诊断精确度，避免虚警。

故障处理决策支持。在系统不同健康状态和不同资源配置下，对故障处理措施的决策是目前研究的关键之一。决策方案的选择，将会影响故障处理后飞机的整体性能[34-35]。如对资源不足时重配置结构的决策，将直接决定飞机能否继续正常运行。决策方案的选择，需要在航电 PHM 分层结构的基础上，采取多目标、多模块和多准则的方法进行综合分析与比较，选取最优决策方案。目前，决策支持中引用专家系统、机器学习等新技术大大提高了故障处理决策的可靠性，成为了研究的热点。

8.2 故障处理

8.2.1 故障分类

按照故障危害程度，分类如下：

1. 灾难级

故障影响继续安全飞行和着陆。其结果可能是一个致命事故或飞机的损失。发生概率小于 1×10^{-9}/h。

第8章 IMA系统的故障处理与维护

2. 危险级

该故障降低飞机执行任务的能力,或者是降低机组人员应对处理不利运行条件的能力。其结果是大大降低安全裕量和大幅增加机组人员工作量。机组人员不能准确地全面地完成任务。其结果是一个严重的事件和一些人员伤亡或损失。发生概率小于 $1 \times 10^{-7}/h$。

3. 主要级

该故障导致安全裕量显著减少和显著增加机组人员的工作量。其结果是飞机仍然能继续飞行,但安全飞行和着陆存在一定困难。发生概率小于 $1 \times 10^{-5}/h$。

4. 次要级

该故障不会显著降低飞机安全和机组人员的行动能力。发生概率小于 $1 \times 10^{-3}/h$。

失效率和危害结果是相反关系。航空电子设备子系统的失效率通常以每飞行小时失效的可能性为代表。然而,有一些例外,一些系统在飞行中只使用一次,如起落架和刹车系统,这些失效率适用于概率事件。对于某些系统风险更适合用每飞行架次表示而不是每飞行小时,尤其是长途飞行和双发长航程飞行(ETOPS)领域。

表8-1 概率对应危险类别

安全等级	危险类别	最大允许概率
灾难的	Ⅰ	1.0×10^{-9}
危险的	Ⅱ	1.0×10^{-7}

续　表

安全等级	危险类别	最大允许概率
主要的	Ⅲ	1.0×10^{-5}
次要的	Ⅳ	1.0×10^{-3}

8.2.2　故障处理及其相关操作

故障处理是对故障进行确认并采取抑制、定位等的处理，保证故障后系统能够正常或降级工作。

在故障处理过程中，首先是要进行故障确认，即确认下层上报的故障和本层检测的故障等是否存在相关性，判断故障是由单一的故障引起，还是由级联故障造成；故障确认后，采用故障代码及数据分析，准确地标定故障，在此基础上，发起故障重构请求，通过对故障的重构以屏蔽故障。

在故障处理过程中，底层首次要进行故障确认，故障确认后，健康监控（health monitor, HM）向故障管理（fault management, FM）报告确认的故障，故障管理（FM）接收到确认的故障后，向高层健康监控（HM）报告，同时向配置管理（configuration management, CM）发起重配置请求，配置管理（CM）通过通用系统管理预览图系统（system management block preview, SMBP）接口访问运行蓝图（RTBP）完成故障处理。

目前故障处理采用的是静态机制实现，即事先确定不同层级发生的故障类型和故障处理方法，故障类型有故障代码，当故障发生时根据故障代码可以进行故障处理。各个层级出现的故障并非都是在地面能够静态确定的。当故障检测机制已经发现故障，但是该故障在本级无法确定类型和处理方法时，该级将本故障报告至其直接上级，以此类推，直到将不能确认的故障报告至飞机级。飞机级是故障处理的最高级，对于无法确认故障的处理方法非常关键，因为系统级的故障处理行为会影响到整个系统的正常运行。针对无法确认故障的处理，也有建议采用动态故障处理机制，即采用各种数据融合、智能处理算法等设施确定故障并采取相应的处理方法。由于动态确定的故障类型、处理方法都是事先无法预料的，这一建议与航空电子系统的确定性原则相违背，目前还在不断研究中。

8.2.3 故障诊断方法

航电系统设备的故障诊断方法可以分为传统的人工诊断和近年发展起来的新型故障诊断方法。

1. 传统人工检测方法

（1）敲击手压法。

设备经常出现接触不良、固定不牢的情况，对此可采用敲击与手压法。所谓的"敲击"就是对可能的故障部位用小橡皮榔头或其他敲击物有目的地依次敲击或振动有关元件、接插件等，看看是否会引起出错或停机故障。所谓"手压"就是当故障出现时，在关上电源后用手压牢插件板或插头插座，重新开机后观察故障是否消除。

（2）观察法。

观察法指利用眼看、耳听、手摸的方式对电子设备进行观察。当某些电子设备或部件烧伤或烧毁时，用眼睛观察其元件或部件会看到变色、起泡、烧焦的斑点；用鼻子也可以闻到焦煳气味；如果发生了短路现象，用手可以感受到其温度的剧烈变化；部分元器件管脚虚焊或脱焊也可以用眼睛直接观察到。

（3）排除法。

排除法就是通过拔、插设备的一些插件板、器件来找到故障原因的方法。

（4）替换法。

在有足够的同型号元件备件的情况下，将一个好的备件与故障机上的同一位置同型号的元器件进行替换，看故障是否消除，逐个找出故障部件或元器件。

（5）对比法。

要求具有至少两台同型号的设备，且其中一台可正常运行。使用这种方法还必须配备必要的测试设备，如万用表、示波器等。按比较的性质分有：电流比较法、电压比较法、输出结果比较法、波形比较法、静态阻抗比较法等。

（6）隔离法。

故障隔离法不需要使用相同型号的设备或备件作比较，而且安全可靠。根据故障检测流程图，逐步缩小故障范围，再配合其他检测手段，一般会很快查到故障所在。

传统的航电系统设备维修，有专门的故障隔离手册（fault isolation manual，FIM），按手册中的故障检查步骤，逐步缩小故障范围，直至找到最后的故障点。另外，每个航电系统设备部件维修都有对应的部件维修手册，手册上明确给出了某些部件具体参数的典型值、最大值和最小值。在实际维修中，通过使用检测工具对这些参数进行测量并与手册参数值进行比对，可判断设备部件是否已出现故障。

2. 新型故障诊断方法

航电系统设备故障诊断技术领域近年发展起来的新型故障诊断方法可分为基于知识的方法、基于解析模型的方法、基于信号处理的方法、基于离散事件的方法等。其中基于知识的方法包括基于症状的方法和基于定性模型的方法。而基于症状的方法将人工智能（artificial intelligence，AI）理论和方法用于故障诊断，包括专家系统、模糊推理、神经网络和模式识别等方法。基于定性模型

第 8 章　IMA 系统的故障处理与维护

的方法包括定性观测、定性仿真和知识观测器方法。基于解析模型的方法包括参数估计、状态估计和等价空间方法。参数估计方法包括滤波器法和最小二乘法。状态估计方法包括观测器法和滤波器法。基于信号处理的方法包括快速傅里叶变换（fast Fourier transformation, FFT）法和小波变换法、谱分析法和相关分析法。

传统的模拟电路故障诊断有测前模拟诊断法和测后模拟诊断法；数字电路故障诊断与定位有穷举测试法、伪穷举测试法和测试码生成法。虽然模拟电路和数字电路故障诊断技术发展至今已经取得了不少进展，尤其在数字电路故障诊断方面已有较为成熟的理论和方法，但仍存在着诸多不足，特别是在复杂的非线性系统故障诊断方法的研究上还有所欠缺，有待更深入的探索。近年来开发的不同等级和各种类型的故障诊断装置，也仅能完成故障诊断工作的基本需求，与实际需求相比还存在着相当大的距离。其主要的不足有：①故障分辨率不高。现代的大多数故障诊断系统虽然能以很高的速度对被测对象自动地进行故障诊断，但是由于设备本身电路的非线性问题，并且检测点和施加的测试信号也受到了一些限制，在实际工作中严重影响了设备的可操控性和可测性。②信息来源不充分。这可分为两方面：一是现有的诊断系统一般只考虑被测件的当前状态，而对历史状态和做过的维修以及诊断系统本身的状态未作考虑；二是主要通过电信号对被测件进行测试，而很少使用如图像、温度、磁场信号等对被测件其他参数进行测试，因此有时给出的诊断结果以及提出的诊断方案并不准确。③无推理机制，扩展性差。现有的故障诊断系统大部分都是针对典型故障而设计的，不具备推理学习的机制，可扩展性较差。

人工智能的诊断方法克服了对传统数学模型的过度依赖，它是根据人们长期的实践经验与大量的故障信息设计出来的，能够模拟人类专家完成对复杂系统的故障诊断工作，因此成为故障监测和隔离的有效办法，已在很多领域得到了应用。

（1）专家系统故障诊断方法。专家传统是一种智能计算机程序，这种计算机程序运用知识与推理过程，用于求解那些需要人类专家才能解决的复杂问题。专家系统故障诊断的目的在于利用领域专家的知识与经验为故障诊断工作服务。领域专家与资深工程师可通过人机接口对知识库进行操作。在系统诊断阶段，用户通过人机界面或者信息采集模块将征兆信息传送给推理机，推理机根据诊断过程的需要，通过人机界面或者信息采集模块收集征兆信息，然后检索知识库中的各条知识并进一步向用户索取新的征兆信息直至诊断结束，最终诊断结果与解释信息将通过人机接口返回给用户。

（2）模糊故障诊断方法。这种方法是通过模仿人类思维的模糊综合来解决复杂困难问题从而判断设备状态。由于实际问题的复杂性，故障与征兆之间并非一一对应关系，很难用精确的数学模型来表示。由于这种模糊性的出现，单纯用"是否有故障"来表述很容易产生漏报和误诊。因此，一般将模糊方法与神经网络、小波分析、专家系统等技术方法相互结合起来使用。

（3）故障树故障诊断方法。这是一种将故障形成的原因以类似于树枝状的形式逐级细化的分析方法，顶事件为最不希望发生的事件，可能导致顶事件发生的其他事件为中间事件和底事件，在分析中可采用最小割集算法和最小路集法等找出会导致顶事件发生的所有的故障模式，以及特征向量与故障向量故障原因之间的全部逻辑关系。

（4）神经网络故障诊断方法。神经网络通过模仿人类大脑神经细胞结构和功能，具有与人脑相类似的记忆、学习、联想等能力。而神经网络在故障诊断中的研究主要集中在两个方面：一是单独使用神经网络方法对故障模式进行定性识别，找出故障模式；二是将神经网络方法与其他诊断方法相互结合形成复合式诊断方法来完成故障诊断工作。模式识别的神经网络故障诊断过程，主要包括学习训练与诊断匹配两个过程。其中每个过程都包括预处理和特征提取两部分。常用于故障诊断的方法有神经网络、双向联想记忆网络、自适应共振理论和样条网络等。

（5）信息融合故障诊断方法。信息融合是在计算机的基础上将多个传感器的采集信息综合，并加以自动分析和数据处理，以得到需要的处理结果。信息融合应用于故障诊断的目标是综合利用各种传感器采集得到的信息来提高故障诊断的准确率。从目前来说，信息融合在设备故障诊断中的应用还方兴未艾，其故障诊断方法主要有贝叶斯推理、证据推理及神经网络信息融合等。

8.3 系统维护

8.3.1 数据加载及其相关操作

由于航电系统比较复杂，所以在维护数据信息的加卸载时为了保证航电系统加卸载行为的正确性和准确性就需要一种标准的数据、文件传输规范。ARINC615A 数据加载协议可以用来对航电系统在加卸载数据信息文件时进行通信协议。ARINC615A 加载协议为加载端向标机上传符合 ARINC-665 协议的数据信息文件操作、加载端从目标机下载数据信息文件操作、加载端从目标机获取相关的配置信息操作等一系列操作进行了定义，ARINC615A 数据加载协议还给各种协议操纵定义了详细的协议文件格式以及协议交互流程。ARINC615A 标准协议的加卸载是由运行在 AFDX 网络端系统模块的加载设备即加载端以及运行在相同 AFDX 网络上其他端系统的目标机即被加载端这两个部分所组成。发起数据加卸载行为的可以是用户界面的地面设备也可以是人机交互的驾驶舱系统。

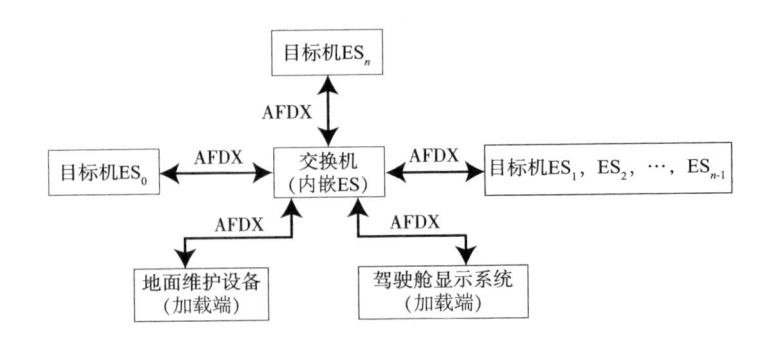

图 8-1　ARINC615A 加卸载软件连接关系图

ARINC615A 数据加卸载协议软件是在嵌入式实时操作系统上运行的一款协议软件，当在加载端和目标机都各自调用 ARINC615A 数据加载协议软件时就可以实现 ARINC615A 数据加载协议中定义的各种协议的操作。

加载端设备和目标机之间的所有操作是在 AFDX 网络上基于 TFTP 协议进行通信，TFTP 协议规定了加载端设备和目标机之间所有的操作程序以及加卸载文件格式必须满足 ARINC615A-2 和 ARINC665 标准协议，其中 ARINC665 协议包括 ARINC665-2 和 ARINC665-3 协议。

运行在加载端和目标机数据加卸载软件所完成的功能如下所示。

1.FIND 操作

在 FIND 操作中加载端发送一个 FIND 请求包给目标机，目标机在收到 FIND 请求包后向加载端回应该请求包，目标机向加载端回应的 FIND 请求包中含有目标机硬件设备标识符（THW_ID）、类型名称、目标机硬件位置以及制造商代码等该目标机的属性。

第8章 IMA系统的故障处理与维护

2. 信息操作

在信息操作中加载端发送一个信息操作请求包给目标机，目标机在收到该请求包后会向加载端发送信息操作列表协议文件来告知加载端当前目标机名称、序列号、软件名称以及部件号等一些目标机的相关设备信息。

3. 上传操作

在上传操作中加载端发送一个上传操作请求包给目标机，目标机收到了上传操作的请求包后从该请求包中得到加载端要上传的协议请求文件和所要上传的文件清单，目标机会根据加载端上传的文件清单从加载端依次地获取数据文件，从而实现获取上传文件的目的。

4. 介质定义下载操作

在介质定义下载操作中加载端发送一个介质定义下载请求包给目标机，目标机收到请求包后从该请求包中获取加载端的下载请求和下载头文件，从而实现加载端从目标机下载头文件中包含的文件。

5. 操作者定义下载操作

在操作者定义下载操作中加载端发送一个操作者定义下载请求包到目标机，然后目标机从该请求包中获得加载端所需要获取的目标机文件列表请求并且向加载端发送文件列表，加载端从目标机发来的文件列表中选择加载端需要下载的数据信息文件汇总成下载文件清单发送给目标机，目标机根据加载端发送来的下载文件清单将加载端需要下载的数据文件发送给加载端。

ARINC615A数据加载协议允许加载端发送FIND请求包来获得能够加载的目标机硬件设备的身份标识，并且能够对所有的目标机硬件设备进行注册，并将注册后的目标机硬件设备列成可加载设备列表为操作员所使用。加载端发送 FIND 操作请求包到目标机来请求网络上的目标机进行应答，在加载端允许的超时时间内做出应答的目标机所作出的应答为有效应答，做出有效应答的目标机才能够被注册为可以操作的目标机并且可以用于其他的操作。FIND 协议操作使用 1001（十进制）端口号，其相关的请求和应答的数据包也是用该端口号。操作者或者数据加载器在网络上发送一个广播消息用来请求所有 FIND 主机的回应，然后就等待回应信息。发起者允许一个 3 s 的窗口来等待回应。为了可能的加载行为活动，所有有效的回应将被作为目标机来注册。当 3 s 的窗口到期后，注册过程停止。目标机硬件设备或者 FIND 主机应该在没有被数据加载器定义的 2 s 空闲或间隔内以应答消息回应请求。发起者所需要的信息可能会以消息结构或者 FIND 数据包的形式传送。FIND 信息包有两种类型，分别是信息请求包和信息应答包。

FIND 协议在 UDP 数据报的上层执行实现。FIND 数据压缩在 UDP 数据报中，使用众所周知的端口号码 1001（以十进制方式显示），同一个端口号码应该被用作请求和应答数据包。FIND 操作主要是获取目标机的 MAC 地址、IP 地址、在网络上每一个可用到的 FIND 主机的身份和功能特征。ARINC615A 允许数据加载器（发起者）能够辨认所有的 615A 可加载的目标硬件设备（FIND 主机）在请求的情况下是否存在。在将所有可用的目标硬件设备都注册完成以后，数据加载器就能够向操作员列出一份可用设备的列表以供操作员选择用。数据加载器在进行所有操作之前必须先执行一次 FIND 操作。

FIND 协议的操作过程为下面两个阶段：①加载端发出 FIND 请求：加载端通过单播或广播的形式发送 FIND 请求包，使用的 UDP 端口号为 1001。②目标机回复 FIND 请求：目标机收到了 FIND 请求包后会向加载端发送 FIND 应答包，使用的 UDP 端口号为 1001。

信息操作被使用在地面维修运行期间，意图恢复在目标机和可加载软件中的配置信息。信息操作目的是操作者获取目标机的硬件信息以及可加载软件的配置信息（如目标机的标识符合序列号等），从而使目标机的硬件信息与可加载软件的配置信息相同。FIND 协议的操作过程为下面两个阶段：初始化阶段和传输阶段。

紧跟初始化步骤下一步或许有一段可变的持续时间。因此，要检查两边（数据加载器和目标机硬件）是否总处于数据加载运行模式和连贯的内部状态，状态文件频繁地由目标机硬件送到数据加载器，允许彼此之间互相控制。

上传操作被使用在地面维修运行期间，用于从数据加载器到目标机硬件上传文件，数据加载器必须完成这个操作，目标硬件可执行或不执行这个操作。上传操作定义了三个阶段：初始化阶段，列表传输阶段和文件传输阶段。

介质定义下载操作是下载存在于媒介中的已知文件或者数据，用户之前先加载下载文件，然后直接下载文件到本地。该操作使用在地面维护运行期间，从目标硬件下载文件到数据加载端，该操作分为三个阶段：初始化阶段、列表传输阶段和文件传输阶段。

操作者必须选择下载的媒体类型。紧跟初始化步骤下一步或许有一段可变的持续时间。因此，要检查两边（数据加载端和目标机）是否总处于数据加载运行模式和连贯的内部状态，状态文件频繁地由目标机送到数据加载端，允许彼此之间相互控制。状态文件必须在最大延迟时间内被发送，周期性地发送不是必须的，仅要求在最大延时周期之内完成。

操作者定义下载操作必须首先获取介质中存在的所有文件，然后用户选择其中之一或全部进行下载，下载的文件全由用户自己定义，两步操作之后可下载需要的文件到本地。操作者定义下载操作使用在地面维护运行期间，从目标机下载文件到数据加载端。操作者定义下载操作定义了加载端和目标机之间的下载操作交互协议。该操作分为三个阶段：初始化阶段、列表传输阶段和文件传输阶段。

紧跟初始化步骤下一步或许有一段可变的持续时间，因此要检查两边（目标机和数据加载端）是否总处于数据加载运行模式和连贯的内部状态，状态文件频繁地由目标机送到数据加载端，允许彼此之间相互控制。状态文件必须在最大延迟时间内被发送，周期性地发送不是必需的，仅要求在最大延迟周期之内完成。

此外，在上述操作的过程中涉及的协议文件都应当满足 ARINC615A-2 和 ARINC665 协议的要求，并且在上述 ARINC615A 数据加载协议所提到的操作中在各个阶段都会有相应的消息产生。

以上数据加载程序消息是在加载端和数据加载协议之间传递。目标机硬件需要目标机协议和目标机端之间具有一组互补的消息模式。当目标机信息不符合标准协议文件时，目标机信息的执行将由设备生产商实现。

8.3.2 软件更新及其相关操作

通常情况下，综合航空电子系统主要包括导航、通信、飞行管理、显示控制和数据管理等功能，分别驻留于综合显示类设备、数据处理类设备和信息采集类设备三大类设备中。综合显示类设备处理综合显示、飞行管理、系统控制等与显示相关的功能；数据处理类设备完成数据综合、参数计算和数据记录等功能；而信息采集类设备完成发动机参数、大气数据、导航数据等信息的采集。三类设备之间通过总线进行互联，实现数据信息流的互通。

机载软件更新，一般是指在现有的机载计算机系统硬件平台上，对软件系统进行更新，以增加或完善系统功能。机载计算机系统通常会预留一个数据链路接口，用来专门进行机载软件更新。机载计算机的运行状态有两种，即工作态与更新态。系统在工作态时，会直接运行计算机内部存储器中驻留的软件功能组件。系统运行在更新态时，则通过数据链路接口，将外部功能软件更新程序由上位机导入并存储在机载计算机的内部存储器中。当机载计算机重新启动并运行在工作态后，将加载更新过的软件功能模块。与民用软件更新系统和地面软件更新系统不同，机载软件更新系统对系统可靠性与更新时间等指标有着较高要求。

机载软件在线管理和升级维护功能作为综合航空电子系统维护的重要手段和综合航空电子系统的功能子系统，在不增加额外成本的基础上，必须基于各航电系统的现有硬件架构，不依赖于额外设备提供特定功能。机载软件升级维护系统主要功能表现如下：一是系统能够提供页面，显示综合航空电子系统各设备机载软件的基线版本信息；二是系统能够搜集各机载设备运行软件版本信息，并自动完成与基线版本的比较，提示并告警非基线控制的软件版本；三是能够提供控制页面，实现非基线控制的软件进行升级（升级为基线版本）。

机载软件升级维护系统所有功能基于机上综合航空电子系统内部各设备完成，不依赖于外部条件，实现机载软件升级维护的便捷高效。机载软件升级维护功能需要三个功能模块实现：人机交互模块、软件版本管理模块和数据加载模块。人机交互模块功能驻留于综合显示类设备，实现用户对机载设备软件信息的维护；软件版本管理模块驻留在数据处理类设备的大容量存储设备中，实现软件基线管理和版本比较；数据加载模块则分为数据加载管理端和目标设备端，数据加载管理端驻留于大容量存储设备中，实现机载软件的数据传输，目标设备端驻留各终端设备，接收从大容量存储设备传输的目标数据，完成机载软件的升级功能。

机载软件在线升级维护是航电技术发展的必然要求，其优势在于技术状态控制的快捷、高效，如对航电系统所有机载设备的版本可以直接通过座舱设备获取，对需要升级的设备可以直接通过座舱设备操作完成等，可以改变传统机载软件版本比对需要查履历本，升级需要拆机箱、额外供电的情况。

8.3.3 自检测及其相关操作

机内自检测（BIT）特别适合于数字计算检查任何计算或通道是否正确执行的技术。BIT 具有自检测功能，自检测包括系统加电自检测、周期自检测和地面维护人员启动自检测。在自检测方式中，系统对检测到的故障自动判别分类为警告级和注意级，记录出现的故障代码，同时根据故障代码，显示故障提示信息，确定故障源，将故障隔离到外场可更换单元（LRU）。

BIT 不是对计算结果的检查，通过一系列测试，计算机可以检查所有的计算功能和它的输入、输出是否正常。在实时操作系统的控制下执行应用软件，实现调度安排的任务，包括程序测试本身。三种常见的 BIT 如下：

1. 上电自检测或者启动自检测

在硬件上执行广泛的测试，检查它可以执行正确计算功能；检查机器软件配置；检查所有输入输出功能（可能涉及用户操作）；检查主要和备份功能。

2. 中断自检测

机器暂时离线。注入测试信号（输入）和比较结果（输出）与测试结果。这算是进入关键阶段之前最有用的自动化端到端系统检查。

3. 连续自检测

计算机本身检测作为后台任务。典型测试包括：CPU 检查，所有算数和逻辑功能测试数据模式。RAM 内存，读/写操作。ROM 应用程序内存，校验、循环冗余校验。输入/输出，所有类型 I/O、模拟和离散的输入到输出环绕测试。底板，读/写操作。处理器看门狗定时检查，是否"死机"和数据已经冻结。

这些测试没有一个可以完全检查计算机，也没有一个是瞬时的。连续自检测可能需要很多计算周期才能完成，但有些可信度超过 95%。机内自检测设计到适当的可信度区，符合系统失效的结果。更高的可信度水平需要更广泛的测试，需要更长时间整合，进行更广泛的硬件特性和输入、输出电路测试。

8.3.4 交叉监控及其相关操作

BIT 是检查计算或者通道能否实现其预期功能的一种强大工具，但它不能检查瞬时输出是否正确，即使 BIT 是 100% 有效的。单个（单工）通道输出依赖于正确的输入，对于高水平的完整性，需要进一步的独立性。

两个独立通道执行所需的功能：一个通道是命令通道，它输出数据到下一个处理过程；另一个通道监控命令通道，实时验证命令通道输出的正确性。这里存在大量的可能性，监控通道在预期安全范围内对命令通道进行检查，或者是相同的命令通道，或者一定程度的不同（硬件和/或软件），抑制共模故障，其选择必须建立在安全分析和监测精度要求的基础上。因为除传感器输入数据差异，任何差异可能产生一些差异的结果，所以必须将任何差异限定在监测误差的阈值内。为了把这些差异降到最低，要对所有传感器采取一些措施，在输出计算结果之前，对命令和监控通道的传感器数据进行综合，从而减小误差阈值，但同时必须谨慎，避免潜在单边故障传播和扩散，影响指令通道和监控通道。

8.3.5 视情维护及其操作

传统的航电系统设备维护方式有事后维护与定期维护两种。前者在故障出现后对设备进行维修，设备损坏的直接损失及停产所造成的间接损失较大，严重时甚至会产生设备报废等不可挽回的后果；而后者按照预先制定好的设备维护保养定期对设备进行检修，可以很好地降低重大事故发生的概率，但日常维护费用很高。基于状态的维护，亦称为视情维护（condition-based maintenance, CBM），是一种新的设备维护模式，其核心思想就是在有证据表明故障将要发生时才对设备进行维护。视情维护可以有效地降低设备维护费用，减小设备发生重大故障的概率，提高设备的总体可用性。CBM 的目标是准确地检测和判断运行中的设备及其所处环境的当前状态，对设备进行健康评估，利用这些信息对设备预期的可使用寿命做出预测，有针对性地制订出设备维护计划。目前，OSA-CBM（open system architecture for CBM）为其标准的结构和框架。OSA-CBM 标准的管理与发布由机械信息管理开放标准联盟负责，目前已更新至 V3.3 版本。

OSA-CBM 的主要目标是，为分布式 CBM 软件模式制定一个开放的标准化体系结构，以使来自不同厂商的硬件与软件单元组件具有可互换性，增强系统集成能力。OSA-CBM 将系统分为 6 层，或者 6 个功能块：数据获取层、数据处理层、状态监测层、健康评估层、预测评估层、决策生成层。它使用统一建模语言（unified modeling language, UML）定义，规范了各层的信息规范以及各层间的接口规范。各专业厂商可以按照此标准，专注于自身的优势技术，将信息处理和信息传递分开，开发出这些功能层内部具有自主知识产权的产品。这样，用户可以择优选择来自不同生产商的硬件与软件产品，进行系统集成，可以有效地降低成本。

在 OSA-CBM 的支撑下，一个完整的设备健康管理业务体系包括：以全员全程为主线的健康管理基础体系、以闭环管理为保证的日常维护保养体系、以寿命预测为核心的设备运行预警体系和以状态维修为主导的多元维修管理体系。

设备健康管理基础体系以全员全程为主线，需要从仅仅依靠专家或维修人员转变为全员关注设备健康、促进设备健康；从偏重某个环节管理转变为注重全过程管理。全员即强调全体人员（特别是设备管理人员、维修人员和使用人员）共同参与，互相协作，各负其责。全员健康管理，不是将设备管理责任平均化，而是以设备健康为中心，全体人员协调配合确保设备健康状态良好。当然，全员健康管理以专门从事该项业务的人员为主，设备使用人员或操作人员为辅。全程即要求设备健康管理贯穿从接装到退役报废为止的整个过程。如果将外延进一步扩大，还应该考虑设备的"优选规则"，即在设备的设计研制阶段就将影响设备健康的因素考虑在内。全程健康管理应根据企业和设备的特点，进行个性化、科学化和制度化管理。

设备日常维护保养体系以闭环管理为保证，是基于各项标准信息库的闭环管理，将点检的主体行为向前与设备清扫相连接，向后与设备自主与维护相连接，形成彻底的一体化自主维护闭环；自主维护闭环从记录分析节点导出，传递到专业的诊断和修理，形成专业维护闭环；专业维护闭环从诊断节点导出，引申出他机类比点检和主动维护，又形成预防维修闭环。以闭环管理为保证的日常维护保养体系均有相应的基准作为行为依据，同时有管理流程作为执行的逻辑顺序保证。

设备运行预警体系以寿命预测为核心，设备剩余寿命预测与维修决策建立在状态监测数据、历史工况数据和试验验证数据综合分析的基础上。通过剩余寿命预测，可保证设备在某一任务期间不出现故障，避免重大事故发生；通过建立设备的维修决策优化模型，可使维修人员在多个约束条件下确定最佳维修策略，既可控制定期维修中的早修，又可防止失修，同时减少维修任务，降低维修成本，延长设备的使用寿命。企业引入状态监测技术的最终目的是根据获得的状态信息建立数学模型，以预测设备的剩余寿命，并在此基础上进行维修决策，以支持维修人员对设备维修问题作出快速决策，节省大量人工分析与计算时间，摆脱对维修经验的完全依赖性。

设备多元维修管理体系以状态维修为主导，以定期维修、事后维修等维修保障模式为补充。随着状态监测技术的发展与应用，企业逐步引入基于状态的维修方式，利用状态监测和诊断技术获取设备的状态和故障信息，以判断设备异常，预测故障发展趋势，并在故障发生前，根据设备状态决定是否对其进行维修。将企业的主要维修类型与维修管理方式，有机结合在一起就形成了一个多元的维修管理体系，在这个体系中我们需要大力推行先进科学的状态维修方式，为实现设备健康管理向着规范化、科学化和智能化方向发展奠定基础。

状态监测层（state detection, SD）处理数据获取层（data access, DA）以及数据处理层（data management, DM）传输的数据。民用飞机包含了大量的、功能结构复杂的系统，从这些系统采集得到的数据必然是同样大量，并且数据类型的组成复杂。面向民用飞机健康管理的状态监测层需要对这些数据进行处理，然后分析数据特征指标，通过对特征指标的实时监控实现对飞机健康状态的监测。民用飞机健康状态的变化主要由飞机/系统的故障状态引起。造成系统故障状态的可能因素包括人为失误、材料缺陷、制造误差、使用环境波动等固有成因，以及器件疲劳、磨损和老化等演化规律。不同的诱因引发的故障状态可能相同，也可能不同；并且实际的故障状态也存在由单一因素诱发或多种因素并发的可能。这对民用飞机系统故障状态的成因分析和准确诊断提出了很大的挑战。状态监测层需要完成对系统数据的信息综合，因此必须从故障系统的数据中准确地提取出故障的特征，完成对系统故障的精确分析和准确定位。

OSA-CBM体系中的状态监测层（SD）在状态维修体制中处于核心地位。状态监测层，接收机载系统采集的数据，并对数据进行特征提取，实现飞机状态信息从数据层到专家知识层的进一步分析和综合。

飞机机载传感器网络实时地采集与飞机健康状态有关的状态信息，如结构系统的应力、震动信号，电子系统的电压、电流信号，燃油系统的温度信号等，这些数据经过数据处理层（DM）的预处理（如粗大误差过滤、数据平滑、数据的时频域转换等），被输入状态监测层（SD）进行特征提取。飞机是否处于健康状态,由多个系统的健康状态共同决定,状态监测需要完成飞机的状态信息由数据域到飞机故障诊断知识域的转变。从采集到的状态数据中分析、诊断出飞机/航电系统的故障状况,并与正常状态进行对比,完成对飞机健康状态的实时评估。由于飞机的故障状态以及健康状态均为基于知识的评价,因此,对飞机航电系统健康状态的实时监测就必须完成被监测的状态信息由数据到知识的转换。深度学习方法具有强大的数据特征表达能力,通过构建深度的多层神经网络,达到输入状态数据到输出状态模式的目的。经过这种转化,机载传感器网络采集的状态数据就可以被用来对飞机健康状态进行判定,实现基于状态维修体制(CBM)的决策。

8.3.6 航电系统维修要求及其操作

航电系统维修根据维修的深浅程度可分为外场维修和内场维修。外场维修包括航前、航后、短停以及部分可在停机坪进行的检修工作。内场维修包括改装、翻修、修理、校验等。外场维修中发现的故障,一般采用故障部件暂时隔离或直接用备件更换。内场维修将故障定位到内场可更换单元,再进行修理或处理,对维修后的设备再进行测试看是否合格,测试合格后方可重新投入使用。

航电系统的修理工作,指的是设备由故障或失调状态恢复到正常状态所采取的全部措施和活动。维修工作指的是对飞机部件所进行的任何检测、定期检修、排故、翻修、修理。重要改装(MDA)指在航空器部件制造厂家的设计规范之外,没有按照设备制造厂商的建议,也没有根据适航指令,而对设备的基本设计进行更改,可能导致其适航性因素产生较大变化的改装。此外,对规定已批准的无线电通信和导航设备所进行的更改,如果会对设备的工作性能产生较大影响,也属于重要改装。所以无线电设备的校准及仪表的校验和修理都属于设备的重要修理。

航电系统进行维修或改装必须遵守的准则：当使用航空器部件制造厂的现行有效的维修手册或持续适航文件中的方法、技术要求或实施准则之外的其他方法、实施准则时，应当获得中国民航局的批准，并且必须符合航空器持续适航文件中的适航性规定。使用的工具和设备必须能够保证维修和改装工作能按照可接受的工业准则完成；工作中应当优先使用制造厂推荐的专用设备，当使用制造厂的替代设备时，应当获得相关部门的等效批准。使用的合格航材要能保证航空器部件达到至少保持其初始状态或者适当的改装状态。当使用航材的替代品时，应当获得相关部门的等效批准。工作环境应当满足维修或者改装工作任务的要求。

航电系统维修需要通用的测试仪表和测量仪器，也需要与设备配套使用的专用测试台。在维修实践中，通常使用部件维护手册推荐的专用测试设备和工具进行维修。

航电系统测试维修所需仪器设备：①数字式万用表，常用来测量直流电压、直流电流、交流电压、电阻和晶体管等。②电压表，分为超高频电压表、视频毫伏表、脉冲电压表等，常用于各种电压测量。③兆欧表，用于测量电路的漏电程度以检查其电气绝缘程度。④电子示波器，包括通用示波器、双踪示波器、脉冲示波器等，用于观察电信号的频率、幅度、波形、周期，以及检测电路动态功能和电子设备的调幅度、频偏等。⑤信号源，包括高频信号源、音频信号源、扫频信号源、脉冲信号源、微波信号源等，为航电系统设备维修提供测试用信号源。⑥频谱分析仪，用于观察等幅波、调频波、脉冲调制信号的频谱。通过频谱可精确测量发射功率、发射脉冲宽度，可检查各种振荡器的质量。频谱分析仪还可作为高灵敏度的高频接收机。⑦FFT 信号分析仪，即快速傅里叶频谱分析仪。⑧失真度测量仪，主要用于测量电子放大设备的频率失真、非线性谐波失真，以及检查相位失真的特征等，还可独立地作为平衡和不

第8章 IMA系统的故障处理与维护

平衡式音频电压表。⑨调幅度测量仪，主要用于测量无线电发射机和其他调幅信号的调幅度，还可测量发射机的寄生调幅或交流声电平。⑩调制度测量仪，主要用于测量调频信号的调制系数和频偏。⑪噪声测量仪，用于测量接收机噪声系数。⑫各型功率计，主要用于测量各种发射机和信号源的平均功率、峰值功率或脉冲功率。⑬电子干扰/场强计，主要用于测量连续波、脉冲波干扰端电压和场强，配上传感器还可测量导线上的高频干扰电流以及通过电源线上的辐射干扰功率等。

航电系统维修中可能用到一些辅助设备，比如电阻箱、滑线变阻器、自耦调压变压器、恒温箱、电炉等设备。航电系统维修所需工具包括电气装配工具、机械安装工具、仪表修理工具和量具等。电气装配工具包括常用的各型电烙铁、镊子、剥线钳、尖嘴钳、斜口钳等。机械安装工具用于气装配工具包括常用的各型电烙铁、镊子、剥线钳、尖嘴钳、斜口钳等。机械安装工具用于打开机壳盖板和拆卸、装配各种旋钮、开关、电位器、表头、插座、变压器等，需要配备各种型号的十字螺丝刀、一字螺丝刀、套筒扳手、什锦锉、手电钻等。仪表修理工具包括仪表螺丝刀、放大镜、镊子、轴芯夹具、长毛刷、千分尺等。

航电系统维修对工作环境的温度、湿度、振动、灰尘、电磁干扰和电源有严格要求。航电系统运送与维修需要远离振动源，并与机加工、喷漆、清洗等设施隔离。航电系统检测车间温度应控制在20～24℃，湿度应控制在40%～65%。高频航电系统设备维修须建立专用屏蔽室保证严格电磁屏蔽。航电系统维修用电源有严格要求：中频单相交流电源稳压范围是112～118 V，中频三相电源最大偏差电压不超过1 V，稳态平均频率必须稳定在390～400 Hz内，频率变化量不超过±5 Hz，频率漂移不超过15 Hz/min，交流供电功率不小于1 500 W；另外还需要配备26 V（36 V）400 Hz的单相交流电源，电压稳定范围为（26±0.26）V[（36±0.36）V]，频率稳定要求与115 V/400 Hz交流电相同；直流电源为 28 V、双线制电源，电压需要稳定在 27～30 V，直流电压峰值脉动与平均电压偏差不超过 2 V，供电容量不小于 1 500 W；220 V 单相制市电的电压稳定在 198～242 V，频率保持在 45～55 Hz。380 V、50 Hz 三相制采用市电供电时，必须配备不间断电源（uninterruptible power supply, UPS）防止市电突然掉电。

航电系统维修应由具有合格维修执照的修理人员，使用合格的修理设备和仪器，在符合规定的修理场所进行，应按照现行有效的部件修理手册所规定的程序与步骤进行修理，并保证修理件与修理文件、履历本、工作单相符，且修理内容与修理文件一致。检查并正确标记设备面板上的修理标记。检验人员在完成全面检查后，应及时填写检验记录并签字，签注检验日期。

航电系统维修是保证航电系统设备可靠运行的重要技术手段，维修基本程序和方法如下。

1. 修理前的准备

修理前应准备：修理项目许可证；现行有效的 CMM 和有效的维修服务通告；完好且经审定的修理工具与经过校准的测试仪器，接地完好的防静电工作台；适用并且数量够用的测试仪器与专业维修工具；具备符合资质规定的修理人员和检测人员；电压种类、电压值及频率适用的维修用电源；设备所需要的修理环境条件满足要求。对维修手册和技术文件的使用是航电系统设备维修的基础。维修中涉及 OEM 厂家的技术手册主要有：部件维修手册（component maintenance manual, CMM）、翻修手册（overhaul manual, OHM）、标准施工手册（standard practice manual, SPM）、服务通告（service bulletin, SB）和服务信函（service information letters, SL/SIL）等。航空公司工程指令（engineering order, EO）是根据机队零部件的相关技术文件编写的作业指导文件，用于对零部件实施专门检查、改装更换与维修等非例行维修工作的指令。

在相关技术手册中三类提醒信息必须严格遵守：警告（WARNING）：提醒维修人员必须严格遵守手册的方法和步骤以免伤及人员；小心（CAUTION）：提醒维修人员必须严格遵守手册的方法和步骤以免损坏设备；注意（NOTE）：提醒维修人员必须严格遵守手册的方法以提高工作效率。

维修中的工卡（job card, JC）是根据维修任务下发的工作依据文件，包含的内容有：工卡编号、工作项目名称、施工内容及程序、所需器材专用工具及设备、编写或修订日期、待修件的件号、送修原因、客户信息、维修工作依据文件及版次、执行者签名或盖章、待修件序号、合同号、工时记录和完成时间，还根据有效受控的 CMM/OHM/SPM/SB/SL/EO 等，技术文件列出了维修人员在维修工作中的须采用的方法和步骤，同时留出位置以便维修人员填写故障检测结果、所采取的维修措施、功能测试的结果以及更换件信息等。

2. 待修件的接收

接收待修件应注意：检查待修件包装及标记是否完好，检查防静电敏感部件（ESDS）的防静电包装袋及标记是否完好；检查待修件的外形是否完好；检查待修件上的标签与履历本填写情况是否正常；检查送修文件与工作单是否完整。

3. 航电系统修理的基本程序

航电系统修理的基本方法是观察故障现象、分析故障原因、压缩故障范围、确定维修方案、故障排除、检测与调试、组装、填写维修单据注明维修日期、运输。航电系统修理的基本程序是：设备检查，参数测试，故障隔离，设备分解，必要的调节与修理，清洁，组装，存储，填写维修工作单等环节。应特别注意待修件在手册中的适用范围和有效性等问题。

（1）维修手册查阅。维修开始，首先应该对部件维修手册（CMM）对应的说明与操作部分进行阅读，理解电子设备的工作方式和注意事项，了解待修设备元器件的失效模式、失效机理以及设备的故障机理，要尤其注意警告（WARNING）提示。

（2）预测试。设备的排故预测试，首先对设备进行参数测试，详细记录测试数据，通过初步分析找到维修大致范围和部附件，然后进行周密的故障隔离与故障分析，确定必要的修理措施，再对待修设备进行分解。

（3）分解。为了避免造成不必要的设备损坏，不应随便分解设备，分解之前应该认真阅读部件维修手册（CMM），并严格按照手册规定的程序、步骤和图解零件目录进行。分解之前，应切断所有电源和射频供给接头的连接。在对有静电敏感器件（ESDS）标记的部件或电路板进行分解之前，应切实遵守防静电措施，分解工作必须在防静电工作台上进行，并戴上腕带。在对电缆和电线束进行分解前应注意各导线的颜色，做好必要的标记。对组件外壳进行分解时应先查阅CMM图解零件清单，然后选用适当的螺丝刀拆下固定组件外壳。接头的分解要注意选择正确的插钉拆除工具。通过用力按压每块电路板两侧的手柄可以迅速地沿滑轨取出电路板，完成电路板的分解。对于有些固定在壳体结构上的电路板，则需要把所有螺钉拆下后才能取出电路板。分解元器件时，要参考焊接与拆焊工艺并活用电烙铁，不仅可以焊接及拆焊电路板，也可以通过电烙铁加热的方式将卡住的小五金件取出。

（4）清洁。电路板和电子元器件有水、油、尘土、积碳和锈蚀时，以及各种转动部件（如环形变阻器和电位计）的润滑油脏污变质时都会影响电路板和电子元器件的正常工作，甚至造成损坏。所以，在完成对部件分解工作之后，必须对其进行清洁。其中，清洁剂的选择和清洗顺序应该按照手册要求进行。

（5）外部检查。对航电系统设备清洗之后，首先是目视检查，主要检查组件结构外观是否缺损、凹陷、变形；接头插钉是否偏离、断裂、锈蚀和碳化，检查前面板名称、序号、铭牌是否存在，粘贴是否牢固；检查底盘是否松动、安装固定件是否丢失、变形、凹陷，紧固件是否损坏；检查接头是否破损、绝缘部分是否有裂缝，接头是否有损伤或出现移位情况。面板开关、按钮的检查，主要看标识是否清楚，安装是否稳固，有无滑动现象，按压开关和按钮时是否能听到明显的开关抖动声响，按压过程是否存在卡阻现象。检查电路板是否有松动、损坏、腐蚀、断裂、烧坏和碳化痕迹；电路板和元器件焊料是否不足或用万用表检查线路连接是否正确；检查电容是否有壳体破损、漏液现象，检查有无进水、烧毁和破损的二极管或三极管。检查壳体和线圈是否损坏和碳化，检查变压器是否表面过热或有损坏。

（6）通电检查。外部检查完成后，进行通电检查。按照CMM中测试部分对航电系统设备部附件进行通电测试，初步判断部件是否有故障，对于测试步骤较多的设备可以依据经验只测试一些关键步骤。如果已经判断可能存在短路故障，则不建议进行通电测试检查，以免进一步损坏被测部件。

（7）修理。修理之前，应该先切断电源，对于静电敏感器件，必须按照防静电要求进行操作。对于电路板和电子元器件外壳变形和掉漆，可通过机械办法来矫正，可采用电焊来处理表面的裂纹，用砂纸和酒精清洗掉漆部分，用胶带盖住未掉漆部分，然后用阿罗丁浸泡铝件表面，之后再根据CMM中提供的材料重新上底漆与面漆。

更换航电系统设备部件中断裂的导线与排线时，要选择与原导线相同级别、线径、颜色的导线，两端套上绝缘套，再用热熔胶将导线或排线固定住。如果出现接头外壳变形、螺丝滑牙或绝缘性能下降，则需要更换整个接头；如果只是接头中的某个插钉锈蚀，则只需更换插钉即可。

电路板故障的维修，所需更换的元器件参数必须符合图解零件目录（IPL）的要求，并严格遵守厂方提供的标准线路施工手册（SPM）进行操作。需要拆除电路板上的电子元器件时，应先去掉覆盖在周围的防潮漆，如果多层电路板插脚难以拆下，可对两边同时加热来清除焊盘孔中的焊锡。故障排除后，应重新给电路板两面和新更换的元器件周围补上防潮漆。更换大功率晶体管，应先焊下导线并拆下散热螺母和垫片，然后拆下晶体管和硬涂层绝缘体；给硬涂层绝缘体的每一面都加上导热硅脂，再重新装上绝缘体；安装上替换的新的大功率晶体管，装上替换的绝缘垫片，重新装好拧紧散热螺母，用欧姆表检查金属安装片和安装了散热螺母的安装栓之间的开路电阻要大于 10 Ω，最后焊接外部导线。某些电路板为不可修理部件，必须更换整个电路板。

（8）测试。航电系统设备的测试分为分步测试、排故测试、循环测试和全功能测试等几类。维修预测试和放行前的测试，一般采用全功能测试；若只检查航电系统设备某部分功能，采用分步测试；当发现某部分测试不稳定或故障间歇性出现，则要针对某个或某几个测试步骤重复测试几次，做循环测试；如果在测试过程中需要提供排故指导，则做排故测试。故障排除后，为了确定故障是否成功排除，需要对维修部分进行循环测试，但在放行之前，只有再次通过全功能测试，才能放行。

（9）组装。在航电系统设备及其部件完成测试后，根据CMM中图解零件目录清单（IPL）找出所有部件，然后严格按照部件修理手册的要求进行组装。组装过程为分解的逆过程。组装时，要参考厂方提供标准线路施工手册（SPM）正确使用适当的工具执行组装。对标有静电敏感器件（ESDS）标记的部件或电路板组装时，需要切实遵守防静电措施，在防静电工作台上进行，防止造成不必要的损失。对电缆插头进行组装时，注意先清除异物，并防止插钉错位损坏插头。组装集成电路模块时，应该使用CMM中推荐的专用工具并检查电安装座内的剩余焊锡。组装后，要根据CMM要求完成机械固定或其他方式固定。

（10）封装存储。航电系统设备运输过程中要使用防尘罩；已经完成修理和检查的设备，应正确封装；对标有静电敏感器件（ESDS）标记的部件或电路板应该在电缆接头上加防静电盖，放置在专用的防，静电容器或包装中运输，并要求贴有明显的防静电标签。运输时，需要在容器上密封好防潮的胶带后再搬运。待修件应该与已修件分开存放，并有明显标识，以防混淆。

（11）记录填写维修放行。维修人员在维修过程中，应该在工卡（JC）上准确、详细填写各项测试参数；更换元器件应记录所更换元器件的电路符号、规格、件号，另外，换下的元器件应作报废处理。维修工作应有完整的记录，至少应包括已填写完整的工卡、部件故障及隔离措施记录、换件记录及合格证件、执行的适航指令和服务通告清单、试验记录、维修放行证明等。

参考文献

[1] JIA M, SUN Z R. Computer data processing method of map manifold based on derivative transfer approach[J]. Concurrency Computation Practice and Experience, 2023, 35（23）: 1-16.

[2] JIA M. Image encryption with cross color field algorithm and improved cascade chaos systems[J]. IET Image Processing, 2020, 14（5）: 973-981.

[3] JIA M. Image encryption based on high-dimensional manifold computing and block dividing algorithm[J]. International Journal of Optics, 2020（part1）: 8678527（1-11）.

[4] JIA M, ZHANG Y. Study of adaptive clutter suppression method used for airborne forward-looking wind shear radar[J]. International Journal of Wireless and Mobile Computing, 2023, 25（3）: 209-214.

[5] 宁毅. IMA 平台需求定义技术研究 [J]. 科技资讯, 2016, 14（16）: 13, 15.

[6] 张占芳, 王经典, 王嘉良. 机载核心处理系统通用化平台研究 [J]. 航空电子技术, 2017, 48（4）: 7-10, 26.

[7] 李昕颖, 查振羽, 崔德刚, 等. 综合化航电核心处理系统研究 [J]. 民用飞机设计与研究, 2009（增刊 1）: 139-143.

[8] 刘家佳. 综合化航空电子系统安全管理的研究与实现 [D]. 西安: 西安电

子科技大学，2009.

[9] 杨洋.综合模块化航空电子系统资源配置工具的研究与实现[D].南京：南京航空航天大学，2014.

[10] REED E，SCHUMANN J，OLE J M. Verification and validation of system health management models using parametric testing[J]. American Institute of Aeronautics and Astronautics，2011：29-31.

[11] FIGUEROA F，SCHMALZEL J，WALKER M，et al. Integrated system health management： foundational concepts,approach,and implementation[J]. American Institute of Aeronautics and Astronautics，2009：6-9.

[12] 李爱军，章卫国，谭键.飞行器健康管理技术综述[J].电光与控制，2007，14（3）：79-83.

[13] 郑红燕.民用飞机 IMA 核心处理系统动态故障树分析[D].南京：南京航空航天大学，2013.

[14] 宋程亮.关于民航通信导航设备不间断电源供电的浅谈[J].数字通信世界，2016（3）：8.

[15] 马海心.民航导航设备的维护和保养[J].电子技术与软件工程，2018（11）：113.

[16] 吴坤.关于导航设备新技术在民航中的应用和相关维护[J].军民两用技术与产品，2017（10）：20.

[17] 王永.民机飞控系统的发展思路研究[J].系统仿真学报，2008，20（增刊2）：200-204.

[18] 谭珍珍.民用飞机自动飞行控制系统需求分析与确认[J].科技展望，2016，26（15）：254-255.

[19] XIONG X, ZHANG P. Reliability analysis of flight control system for large civil aircraft with imperfect fault coverage model[J]. IEEE，Prognostics & System Health Management Conference，2012，MU3149.

[20] 石贤良.飞行控制计算机系统余度管理技术研究[D].西安：西北工业大学，2006.

[21] 柯劼，王兴波，魏强.民用飞机高度综合化自动飞行控制系统研究[J].软件导刊，2015，14（7）：90-92.

[22] 邵慧，岳峰，徐宏哲.民用飞机自动飞行系统导航模式及相关告警设计[J].电子技术与软件工程，2016（4）：31.

[23] Handbook for real-time operating systems integration and component integration considerations in integrated modular avionics systems[S]. 2008, 1.

[24] 张之瑶，黄万伟，柳嘉润.一种基于自适应控制分配的飞行控制方法[J].航天控制，2014，32（3）：23-28.

[25] 张晶，杨晖，申功璋，等.大型飞机飞行器管理系统概念及体系结构研究[C].上海：中国航空学会2007年学术年会，2007.

[26] 艾玲英.人机工效在飞机驾驶舱设备布置中应用研究[J].飞机设计，2012，32（1）：78-80.

[27] 舒秀丽，董文俊，董大勇.基于人机工效的民机驾驶舱设计原理[J].航空工程进展，2015，6（2）：222-227.

[28] 曹纯重.综合航电系统高速通信接口的研究与实现[D].天津：天津工业大学，2017.

[29] 曹珺飞，张运转，梁勇，等.新一代高频通信技术分析[J].中国新通信，2018，20（20）：135-136.

[30] 高建国.甚高频地空通信干扰分析及解决方案[J].信息通信，2018（10）：218-219.

[31] 丛伟，樊晓光，南建国.综合航空电子系统总体技术[M].北京：国防工业出版社，2015.

[32] 张慧姝，庄达民，马丁，等.飞机座舱显示界面目标图符的设计和评价[J].包装工程，2011，32（10）：89-92.

[33] 景博，黄以锋，张建业.航空电子系统故障预测与健康管理技术现状与

发展[J].空军工程大学学报（自然科学版），2010，11（6）：1-6.

[34] JOHN C D，STEPHEN B J. System health management design Strategies[J]. American Institute of Aeronautics and Astronautics，2014：5-9.

[35] 陈叶菁.装备维修保障设计方案评估方法研究[D].长沙：国防科学技术大学，2006.

[36] 耿秀成，黄霞霖.民机系统安全性设计评估技术——功能风险分析法（FHA）[J].民用飞机设计与研究，1995（2）：22-31.

[37] ARINC report 665-3 loadable software standards[S]. 2005.

[38] 王健.民用飞机健康实时监控技术研究[J].科技创新导报，2015，12（24）：98-99.

[39] 李春生，张磊，张雷.飞机健康实时监控技术现状[J].中国民用航空，2013（10）：65-67.

[40] 云林，侯学晖.A330飞控系统智能故障诊断[J].辽宁工程技术大学学报，2007，26（5）：715-718.